咬手、拔头发、猛眨眼……
从辨识信号开始，让孩子学会纾解焦虑，安定……

王意中 临床心理师 ◎ 著

觉察孩子的焦虑危机

焦虑，需要被惩罚吗？
需要大人更细腻地
去观察、去了解、去协助。
孩子不说，不表示没事……

中国科学技术出版社
·北京·

图书在版编目（CIP）数据

觉察孩子的焦虑危机 / 王意中著 . -- 北京：中国科学技术出版社，2022.4

（爱与尊重：与孩子共同成长）

ISBN 978-7-5046-9328-0

Ⅰ.①觉⋯ Ⅱ.①王⋯ Ⅲ.①焦虑—心理调节—儿童教育 ②焦虑—心理调节—青少年教育 Ⅳ.① B842.6

中国版本图书馆 CIP 数据核字（2021）第 242899 号

本书中文繁体字版本由宝瓶文化事业股份有限公司在台湾出版，今授权中国科学技术出版社有限公司在中国大陆地区出版其中文简体字平装本版本。该出版权受法律保护，未经书面同意，任何机构与个人不得以任何形式进行复制、转载。

本书中文简体版权经由锐拓传媒取得 Email:copyright@rightol.com

著作权合同登记号：01-2022-1719

策划编辑	符晓静　白　珺
责任编辑	白　珺
正文设计	中文天地
封面设计	中科星河
责任校对	吕传新
责任印制	徐　飞

出　　版	中国科学技术出版社
发　　行	中国科学技术出版社有限公司发行部
地　　址	北京市海淀区中关村南大街16号
邮　　编	100081
发行电话	010-62173865
传　　真	010-62173081
网　　址	http://www.cspbooks.com.cn

开　　本	880mm×1230mm　1/32
字　　数	130千字
印　　张	6
版　　次	2022年4月第1版
印　　次	2022年4月第1次印刷
印　　刷	北京荣泰印刷有限公司
书　　号	ISBN 978-7-5046-9328-0 / B・81
定　　价	39.00元

（凡购买本社图书，如有缺页、倒页、脱页者，本社发行部负责调换）

【自序】
我曾被当成偷书贼
——那一只手，把我推入了无尽的焦虑

直到现在，人已经过了半百，但孩童时，那只手，却依然令我心里隐隐作痛……

那是我人生中第一次深深觉得被羞辱。也因为那只手，逐渐影响了我这一生个性的形成，也改变了我看待日常生活事物的方式。

※※※

就读小学五六年级时，我非常喜欢从新北市（那时还称为台北县）三重埔的家，搭乘公交车到台北市光华桥下的光华商场，逛逛地下室的旧书店。

还记得那一年，正值过年期间，我穿着帅气的格子小西装外套，在内侧口袋里塞着红包，来到了光华商场地下室的旧书店。

我聚精会神地浏览着架上一本又一本的书，不时把西装外套稍微打开，以确认里面的红包是否还在。

就在那一刻，改变我人生的那一只手，突然间，朝着我的肩膀右后方拍下来——老板二话不说把我转向他，将我的小西装外套掀开，并撂下话：

"我警告你，如果你偷书被我抓到，你就完蛋了！"

顿时，我愣在现场。

没过多久，一股羞愧感直冲脑门。当下，我没有哭，也不敢哭。我被吓到了，不知道该如何回应或辩解。

那是我第一次公开被羞辱、被怀疑。

※※※

从那一刻开始，我渐渐发现我变了，变得更为敏感，更怕犯错，就如同身上的皮肤被撕裂开来，只要有一丁点的碰触，都会让我痛得哇哇大叫。

无尽的焦虑，被启动了。

我发现，有些事我不愿意讲，就这样埋藏在心里面。与其说不愿意讲出口，倒不如说是我真的不知道该怎么开口，不知道该向谁说，不知道该如何说。

这件事情深深地埋藏在小男孩的心里，一藏就藏了13年，才终于破土而出，对研究所的同学说出口。

※※※

就从那一刻开始，我的自我要求变得越来越高，虽然我也明白这样非常不合情理，然而许多念头在脑海里无法控制，恣意妄为地想出来就出来。

从那时起，在我眼前，许多的事物不能带有任何瑕疵、任何污点、任何折痕、任何破损……简单地说，我不允许有错，我不能犯错，我害怕犯错。

但困难就在这里了，谁的成长不会犯错呢？

那一只手，如同将一张纯洁的白纸抹黑，玷污了我的童稚心灵。

我知道自己的许多行为变得非常奇怪，且必须隐藏起来，不能让别人知道。

内心那些不合理的想法，更如被深深放入了地下的棺木中，我永远也不想把盖子掀开。

※※※

我热爱集邮，但此后我总觉得，使用夹子夹邮票，在邮票上会留下夹痕。邮票有了痕迹，好比有了瑕疵，令我浑身不对劲，注意力尽在那无形的痕迹中。我将邮票与邮票之间的边缘齿孔很谨慎地撕开，却觉得撕下来后，邮票上的齿孔依然不甚整齐。试着用剪刀剪，剪下去后，又总觉得齿孔剪得不对称。

青少年时期我会手写信与圣诞卡、贺年卡，但只要有错字，我二话不说就撕掉信封，揉掉信纸，绝不涂改。

写字时，我一定得用尺子，放在每个字的下缘，让每个字都写得工工整整、规规矩矩，保持在同一条基本线上。有一次考试时，我忘了带尺子，结果愣在现场，不知道该如何是好。最后，我只好把学生证当成尺子用。监考老师还怀疑我是不是想要作弊。

我不想有瑕疵，我极其焦虑。

我的道德感变得越来越强烈。或是说，"被怀疑偷书"这件事让我越来越焦虑，虽然已经过了好多年。

当年只要买书，在书本的蝴蝶页上，我一定会写下买书的日期、时间与清清楚楚的价钱，并且在最后用力盖上刻有自己名字的印章。

在盖下章的那一刹那，证明了一件事：这本书是我买的，我没有偷。

"盖章"这件事，有段时间，竟成了一种令我感到最舒畅的仪式。

当书有了折痕，就是一种不完美。重点是，那股莫名的焦虑感让我很不舒服。我就是不想有瑕疵。

为了不让书角折起来，我花了许多时间与心思，仔仔细细地为一本一本的书做了保护的书套外衣，不愿让书有任何损伤。

从同学的角度来看，觉得我的手工好细、好精致，甚至于几度希望我帮他们包书套。可是没有人了解我为什么要做这些事情。

一直以来，逛书店都是我最喜欢的事，但就从那一次被怀疑偷书后，逛书店却成了我心中最为矛盾、最为焦虑的日常活动。

每次只要一进入书店，我就会开始担心又会被老板怀疑偷书。后来，许多店家开始安装电子防盗器，每当要离开书店时，我心里总是万分焦虑：警报器会不会突然间发出哔哔声，警示有人偷书？！

虽然我很明确地告诉自己"我没有偷书"，但心里面，依然有着强烈的焦虑存在。好痛苦，好痛苦，当时，真的是非常痛苦。

那个年龄的我，真不知道该如何度过那段极度焦虑的日子。

我就读台北商专财政税务科，修习的专业内容有一个共同点，就是每一件事情都有标准答案，每一件事情也都不允许有任何的差错。就如同在会计领域，多一块钱、少一块钱，不是自己来补上就可以解决的。

我的个性变得越来越谨慎，甚至是过度谨慎。所就读的科系一直在告诉我：所有的事物，都不能犯任何错。

直到大学插班读中原大学心理系，我才逐渐练习将所学的皮毛的心理学知识，例如认知行为治疗，用来改善自己疑似强迫症的问题。

到上高雄医学院行为科学研究所硕士班时，在严谨的方法学训练下，我又开始被自己不合理的想法折腾。

当时对于文献的引用，我很敏感；精准地说，是非常、非常敏感。眼前的现象都必须有所本。许多的数字与研究资料，都得非常明确、精准。面对一些填写模糊的问卷时，我感到极度焦虑而痛苦不堪，真的不知道该如何来处理这些有瑕疵的资料。

对于看待数字如此之敏感的我来说，如果没有确定眼前的这篇研究真正符合了研究方法，我就不太引用任何数字，生怕不慎引用错误，不知会引来周围的人如何看待有瑕疵的自己。

研究所毕业后，我在八〇二医院精神科担任临床心理师约半年。回到台北后，换了行业，在知名的盖洛普民意调查公司担任分析员。

当时，我负责三组中的"除错"组，通过写程序，将前一组已输入的原始资料中的错误找出来。

我很擅长这项除错的任务，但在那短短 3 个月的工作中，却让我遭遇更加焦虑而痛苦的经历，因为我又让自己处在不能犯错的状态。焦虑随之而来，似鬼魅般如影随形。

※※※

很少有朋友知道，在我离开盖洛普，前往过动儿协会工作之后，即将跨越 30 岁那一年，我毅然决然地做了一个决定：抛弃所有的专业，开一家二手书店（1998 年 10 月 1 日—1999 年 4 月 20 日），特别是，一家门口不会有防盗器哔哔叫，老板不会质疑客人偷书，书店里面没有任何标语写着"偷书被抓到罚××倍"的"意中铺子二手书买卖店"。

我很清楚地知道,这样的转换,是在为自己童年的创伤进行疗愈。让自己在这个空间里,慢慢地修复过往在光华商场地下室,被旧书店老板那粗暴的手所玷污、受了伤的童年。

30岁那年,关闭了二手书店,我又回归临床工作,在振兴医院服务。有段时间在台北市家庭暴力防治中心协助进行心理咨询工作。每回,只要经过市民大道、松江路、新生南路,我依然可以感受到,那旧时的光华桥底下,有一个小男孩,正在地下室里哭泣着。

2006年1月,由于铁路地下化等因素,光华桥(光华商场)要被拆掉。当时,我很想去现场亲眼看看,就如同柏林墙被拆除了,我突然间有一种感觉:对自己来说,这也意味着某个阶段的事物,正在改变。

有一回,巴巴文化请我为一本儿童小说《小偷》(王淑芬作品,2014年3月出版)写推荐序。当时,读了这本书,心里面真的既纠结又难熬,带着想哭的感觉。阅读的过程一再地把我拉回到过往被怀疑偷书的那个场景里。

随后,在《亲子天下》杂志第64期(2015年1月)的跨年专刊上,杂志邀约了一些作者,分享自己的生命故事。当时,我跟太太说,很想把小时候的这件事情写出来分享。

太太特别提醒,如果我写了出来,接下来会有很多人知道这件事,要我再仔细想想,毕竟过往这件事,在我自己的心中是难言之隐。

但最后，我还是写了下来（请上网搜寻《"偷书贼"迟来的平反》）。没关系，对我来讲，能够说出来、写下来，其实是一种慢慢的疗愈。

※※※

后来我为什么专注于儿童青少年心理咨询与治疗工作？为什么我只想做儿童青少年的心理服务？

从过往的脉络走来，我很清楚地知道，**自己实在不想又因为我们大人的粗糙，或许只是一个小小的动作、短短的一句话，给孩子内心里造成不可磨灭的伤害。**

那是永无止境纠缠的焦虑。

关闭了二手书店之后，我将许多物品与书让小区民众以便宜的价钱带走。除一部分的书之外，自己留下了几样东西，其中有一幅画，现在就挂在心理治疗所的墙上。

每回看到这幅画，就会令我想起开书店这件事。就会使我想到过往，在光华商场的地下室，被大人怀疑的小男孩。

那一只手，把我推入了无尽的焦虑。

【前言】
我为"焦虑"写一本书

——孩子的焦虑有了出口，大人也安定

- ◎ 你的孩子是否因为焦虑，无法顺利地与你分开？
- ◎ 是否遇见陌生人，就躲得远远的？
- ◎ 是否逃避上学？
- ◎ 面对考试、比赛、上台，是否容易过度焦虑？
- ◎ 面对人际关系的互动、分组，是否容易焦虑？
- ◎ 孩子是否被诊断为自闭症、阿斯伯格综合征，终其一生，伴随焦虑？
- ◎ 面对压力，孩子是否被诱发出强迫症？
- ◎ ……

当然，孩子的焦虑不止这些。

焦虑，有时候说来就来，你完全挡不住，躲不掉。你不知道焦虑什么时候会再回来。然而可以确定的是，在我们的一生中，焦虑会以不同的形式、内容长期存在。

焦虑永远无法消失，不可能消失，我们也没有必要让它消失。

但是，我们可以慢慢地让焦虑维持在小范围内，并且在日常生活当中，给我们带来帮助。我们可以让自己在遇上焦虑全面来袭时，依然有足够的心力，逐一去面对与应变，从而适时地化解当下的焦虑情绪。

同时，经过一次、一次、又一次的练习，能够更加熟练地掌握对于自我焦虑的控制、应对、调适及面对焦虑加以化解的能力，并且让爸爸、妈妈、老师以及孩子，在面对焦虑时，都能够学到有效的应对方式，自我觉察焦虑情绪，调整认知与想法，启动缓和焦虑的行动。

在这本书中，我针对为儿童、青少年做心理咨询与治疗的服务过程中，实务上真真切切遇到的孩子们常见的焦虑问题，巨细无遗、周延且完整地呈现出儿童、青少年阶段（从学龄前、小学、初中至高中）会遇到的各种焦虑情境。

在每一个篇章里，详细列举实际的生活案例，每一个案例都很写实，在阅读过程中，你将感觉到就像身旁孩子发生的状况一样。

阅读这本书,我相信可以让大人松一口气,孩子也松一口气,终于找到一种使得彼此都自在、舒缓,与焦虑和平相处的默契。

目录 Contents

孩子一焦虑，就啃手指甲？ / 001

孩子一焦虑，就口吃？ / 007

孩子有分离焦虑？ / 015

孩子对陌生人焦虑？ / 023

担心帖文没人关注或点赞，孩子好焦虑？ / 029

高敏感的孩子，风吹草动就焦虑？ / 037

孩子要上学就焦虑？ / 045

孩子面对分组会焦虑？ / 051

孩子书看不完，好焦虑？ / 059

孩子遇到考试就焦虑？ / 069

孩子被怀疑作弊，引发焦虑？ / 075

孩子有上台焦虑？ / 082

孩子有转学焦虑？ / 090

孩子对时间焦虑？ / 096

孩子焦虑时，常自慰？ / 102

孩子在学校尿尿会焦虑？ / 108

面对新事物，泛自闭症孩子焦虑不已？ / 115

改变令自闭儿焦虑了？ / 121

感官特殊敏感的自闭儿，焦虑难耐？ / 127

不确定性令阿斯伯格综合征儿童焦虑了？ / 134

情境转变，启动了阿斯伯格综合征儿童的焦虑？ / 141

阿斯伯格综合征儿童容易受刺激而焦虑？ / 148

搞不懂强迫症孩子的焦虑？ / 155

强迫思考而生的强迫行为，折磨得孩子好焦虑？ / 161

孩子担心个人信息泄露，过分焦虑？ / 166

孩子对于新冠肺炎过度焦虑？ / 171

我们不能期待孩子遇到问题时，自己主动开口说出来。父母、老师在陪伴孩子的过程中，都要非常细腻地去了解孩子。

孩子一焦虑，就啃手指甲？

"妈妈，姐姐好恶心哦！她把手指头放到嘴巴里面，都是口水。叫她不要碰我的玩具，恶心死了。"弟弟话一说完，立刻将他的玩具抽了回来。

"彤彤，你在干吗？都已经那么大了，你把手指头放到嘴巴里做什么？我跟你讲了多少次，老是不听。"妈妈边说边把彤彤的手从嘴里拉了出来，朝她的手背拍下去。

"都几年级了，还这样，真是的！就不会在弟弟面前做个好榜样吗？"

彤彤两个眼珠子直盯着妈妈，也不开口，只是用双手用力拉扯着皱皱的裤子。

"彤彤，我警告你哦，我跟你讲了多少遍，你再给我啃指甲看看。手那么脏，细菌那么多，跟你讲了多少次。手放进嘴巴能看吗？下次再被我看到，你就完蛋了。"

然而，不管妈妈怎么说、怎么骂，讲了一次又一次，孩子啃手指甲的画面仍然一而再、再而三地在不同的"频道"上演。她会一边看手机的视频网站（YouTube）影片，一边咬着手；一边写数学测验，一边咬着手……妈妈发现，彤彤连对着窗外发呆时，也在咬手。

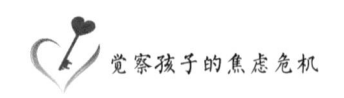

"到底怎么搞的？放松的时候会啃手指甲，专心做事情时会啃手指甲，没事做的时候也在啃手指甲。简直在找我麻烦嘛！"妈妈感到不以为然，同时也不解，"这孩子干吗动不动就咬手？难道是口欲期未满足吗？"这实在超出妈妈能理解的范围。

要说彤彤不懂咬手这行为不好吗？也不尽然，她聪明得很，不可能连这种最基本的道理都不懂。

只是，妈妈实在无法忍受，已经上小学了，还老是不听话，又不是小婴儿，真是难看。

好几次忍不住直接用手打了几下，啪~啪~啪，但就像拍打蚊子一样，消灭了一只，没多久又来一只。在那之后有短短的几天，咬手行为暂时没有出现。但你也知道，没多久，问题又来了。

"不听话，不听话，不听话！为什么老是不听话？"妈妈实在是不想再念叨了。

怎么讲都没用，妈妈实在不知该如何是好。难道，自己真得被逼着采取更激烈的手段吗？

陪伴孩子面对焦虑

焦虑，需要被惩罚吗

让我们好好来思考：为什么孩子咬自己的手指甲，我们却要用严厉的方式威胁他、处罚他、警告他,不准他再做出这样的举动?

◎ **孩子啃手指甲的行为在呼救,"帮帮我!我想要摆脱焦虑!"**

你认为,"我已经跟孩子讲了好多遍,叫他不要有这种坏习惯,但他一直都不听。最后只好打他、骂他、惩罚他,让他害怕。或许,下次孩子就不敢再做出这种行为。"

我们不要只看到行为的表象,而忽略了在这表象底下,孩子所要传达给我们的信息。孩子到底在暗示我们什么?

处在一种自己也难以说出口、难以处理的焦虑情绪中,绝对不是孩子自愿的。不会有孩子告诉你"我想要焦虑",因为焦虑带来了不舒服、不愉快的体验,没有人想要这样。

然而,伴随着这些负面情绪而生的外在行为,孩子这次是用"咬手"来呈现——其实,他已经在发出警报,不时在告诉我们:**"帮帮我!救救我!我想要摆脱这样的焦虑情绪!"**

我们却没有听到、看到,甚至于还误会他了。

◎ **我们没有察觉自己"忽略"或"误判"孩子的求救信息**

想象一下,当一个孩子遇到状况时,打了110电话寻求协助。然而,电话另一端的人却认为这孩子在开玩笑,说:"小朋友,不要闹了。"或者直接就把电话挂断。

甚至于,若孩子继续打电话,接电话的人还会这么警告他说:"如果你再这样,我就要处罚你了。你不要再开玩笑,不要再浪费我的时间。我已经跟你讲了多少次,不要乱打电话。"

这种情况,就像我们告诉孩子,"我已经警告你很多次了,不要再咬手,为什么不听?"

孩子继续打电话、继续啃手指甲,他只是想要告诉你,"帮帮我!救救我!我受不了了!我有危险!我有状况!"

但我们依然认为孩子老是不听话,而**忽略了孩子真正要传达的求救信息**。或者说,我们没有察觉到自己选择了忽略,甚至于误判。

而我们还因此处罚或指责孩子……

看到这里,你有没有发现自己做错了什么?

别将焦虑强押(压)至"地下室"

当孩子咬手时,别再只是对孩子说:"你不要再咬了!"

面对焦虑行为,不要再采取威胁与责骂的方式了,因为我们都还没有弄清楚,是什么样的原因促使孩子做出这样的举动。当我们直接采取压制的方式时,只是让孩子将焦虑的情绪压抑下去,有如从二楼、三楼押(压)至地下一楼、二楼。

压抑焦虑,并不等同于焦虑被释放、被舒缓,而只是让焦虑被搁置,没有进行处理,甚至于演变为后来你无法预料的局面。

有些孩子虽然不咬手了,但是,他可能转为拔头发、眨眼、耸肩或发出怪声。

你必须知道，**孩子自己并不想要这样**。毕竟，过度的焦虑给孩子带来的只有痛苦难耐。事实上，有些孩子自己也没办法控制，因为他也不知道到底发生了什么事。

给孩子"情绪支持"，别妄下评断

请陪伴在孩子身边，试着去体会孩子面对焦虑情绪时的感受。

先不要有任何的批判、评价或论断，认为他应该怎样、不应该怎样，甚至于责怪他是自己想太多或自讨苦吃。

没有人想要想太多。有时想太多，是自己无法控制的啊。

先把你的情绪搁置

发现孩子咬手时，先暂时把你自己的情绪搁置。

借由一些行动转移孩子的注意力，比如抱抱他、安抚他、拍拍他的手，或是带着他散散步、玩玩游戏。先让孩子的焦虑情绪缓和下来再说。

寻找让孩子感觉最舒缓的状态

因为压力而感到焦虑时，可以尝试从事让自己放松的活动。

与孩子一起寻找令他感到最舒缓的状态。例如：孩子在泡澡时放松，散步时放松，游泳时放松，吹吹风放松，听音乐放松。有了明确的放松模式，孩子就比较容易有一个判断的

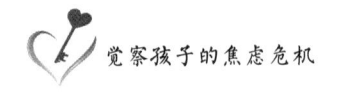

依据。

在这些放松的情况下,让孩子感受到自己处于一种低耗能、不耗电的状态。此时,身心没什么负担,且能够保持一种相对有精神的状态,以主观的感受来形容,就是轻松、舒服、自在。

引导孩子接纳自己的焦虑。让孩子了解,当自己的焦虑情绪升起时,可以直接暂停当下的活动,而选择去做一些低耗能、不需要太耗脑力的活动,先让自己借由改变活动,适时地舒缓焦虑。

自我安抚

当孩子的焦虑指数偏高到他自己已无法招架时,则需要我们大人引导孩子进行"自我安抚"。以韩剧《虽然是精神病但没关系》中的经典画面为例,"自我安抚"可以有各种排列组合的方式,例如:睁开眼睛或闭上眼睛,接着两只手交叉,轻轻摆放在自己的肩膀上,或是重重摆放在自己的肩膀上。

也可以轻轻拍、重重拍、慢慢拍或快速拍。没有一定的标准做法,可以让孩子试着做做看,以找出最适合自己舒缓情绪的方法。

提醒自己,让焦虑舒缓的方式,没有"一定非得如何不可"的执着。找出比较容易让自己进入放松状态的方法。

打破执着,让自己的思考有弹性,也是另外一种让自己舒缓焦虑的方法。

孩子一焦虑，就口吃？

鹃鹃咽了咽口水，说："我—我—想—想—想要去—去—去厕所，老—老师，可—可不可—可—以？"

好不容易讲完了，鹃鹃又咽了咽口水，满脸尴尬。班上的同学们笑成了一团。

可晴刻意模仿鹃鹃，"老—老—老—师—师，我想—想—想……"还没说完，同学们再度笑成一团。

"可晴，你在做什么？这么没礼貌。干吗模仿鹃鹃，多伤人啊！"老师先阻止可晴，接着对鹃鹃说："鹃鹃，想去上厕所就赶快去。只是上个厕所而已，有什么好紧张的，说个话吞吞吐吐的。快去快回。"老师话一讲完，鹃鹃立即用手遮着脸冲出教室。

鹃鹃感到很受挫而羞愧，她明明很清楚自己要讲什么，但不知道为什么每次一开口，就断断续续地像电路接触不良般，没有办法把话说得顺畅。

在教室里，鹃鹃是不会主动去找同学说话的。她觉得这么做简直是自暴其短，对自己有如一种自杀式攻击，她的结巴马上就会露馅。

但是同学们时常会刻意地靠近她，有人会问："鹃鹃，明

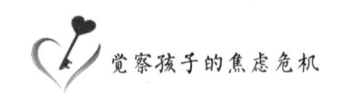

天数学考试的范围是什么啊？"其他人则围着看热闹，眼睛瞪得大大的，预期即将发生什么事。

不用想，你也知道——鹃鹃又口吃了。她勉强挤出几个字，"数学—学—学—学第—第—第—第——"

有人故意打断她，追问："到底是第几单元啊？"

另外有人则故意回答："谁不知道啊！还要问？等她说出来都不知道猴年马月了。"

随后，这群好捉弄人的同学作鸟兽散，留下超尴尬的鹃鹃愣在原地。

陪伴孩子面对焦虑

放慢说话的速度

你一定有这种经历：当你眼前的这个人说话音调非常高、语速非常急促时，他说话的音频、语调，就能让你的情绪整个纠结起来，越听他说，越是焦虑。

◎ **对焦虑的孩子说话时，语气和缓，不催促**

因此，面对容易焦虑的孩子，在和他说话时，我们可以放慢说话速度，同时试着将音调往下压，慢慢地说，语气和缓地说，不要催促孩子。

我们比较和缓的语气，有助于孩子的情绪慢慢地缓和下来。

◎ **教孩子学习越是焦虑，越要深呼吸，慢慢说**

可以让孩子练习以不疾不徐的方式，慢慢地说，和缓地说。先做一个深呼吸，接着把自己已经想好了的事情，慢慢地说出口。

在说的过程中，逐渐地调整自己的呼吸、自己的语气、自己的频率与自己的节奏，进而慢慢地掌握自己的身心状态。借由说话的方法来回馈自己，帮助自己逐渐降低焦虑反应。

你可以试试这么做：当你话说得很"急"时，与话说得很"缓和"时，自我觉察一下自己在这两种情况下的情绪是怎么样的。

也可以让孩子一起聆听观察，身旁的同学、朋友、家人和老师，或是出现在电视里、视频网站（YouTube）上的人物，他们是如何说话的。**帮助孩子了解怎样的说话方式让他听起来感到比较舒服、比较自在，觉得整个人是比较放松的。**

通过这样厘清的过程，孩子将渐渐地更清楚，也就能找出让自己变得更自在的讲话方式。

◎ **大人与孩子都要练习"说"，一次、一次、又一次地练习**

练习说出来，一次、一次、又一次。

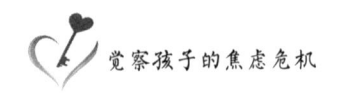

我们听了或看了好多方法，但是如果没有实际练习"说"，能得到的帮助是有限的。

很多事情需要练习。关于焦虑控制，我们和孩子都需要练习，真的需要不断地练习。

经过一次又一次的练习，才有办法逐渐掌握自己的状态，逐渐了解自己要怎么说、怎么做，以及怎么进行改变。

当爸妈自己很焦虑时……

可以确定的是，当父母很焦躁时，这样的感觉与氛围一定会感染给孩子，无形中，也让孩子的情绪处在不稳定状态。

有时，我们说话的音调、语气、音量或说话的模式、说话的流畅性等，如果明显地紧绷，往往也会让接收的孩子整个情绪瞬时紧张，焦虑油然而生。

你注意到了吗？当我们说话速度变得很急、很快时，孩子的情绪也会随之变得躁动。

◎ 大人必须练习，说话不疾不徐

试着说话不疾不徐，这是一个必须练习的方式。

我们先试着稳住自己的情绪，并且把自己要说的话，在脑海里先酝酿过一遍又一遍，让这些话可以顺着时间、慢慢地向孩子说出口。在说的过程中，要掌握我们说话的力道，该停顿的时候停顿，让孩子能够顺利接收，并且有机会作出反应。

否则，我们讲了太多，又太急、太快，孩子在第一时间是无法全然接收的。而当孩子没有明确回应我们的问题时，又会加深我们的浮躁情绪，使我们说话变得更急、更快。

我们可以聆听，哪些人的说话声音会让我们听起来很平静、很舒服、很愉悦，这可作为参考指标。

你可以收听广播或播客（Podcast）音频，听听那些说话的人是如何表达的，而让听众可以感受到情绪的稳定。

关于大人自己的焦虑情绪，只要我们能够事先自我觉察，就有机会调整，将适当的说话语气、语句、语调与音量，好好地传递给孩子。

我们每一次说话，都是一次练习。请先注视着孩子，再开口，并且每说到一个段落便暂停，说到关键词前也暂停，再加强语气说出来。

◎ **别说"我没办法，我就是这样"**

你可能会说："我没办法啊，我的个性就是这么急躁。"关键就在这里，我们大人可以说没办法，然后呢？孩子总不能也说没办法吧？

既然没办法，那就表示我们真的需要解决它。有些事情是需要通过不断地练习再练习，修正再修正。

试着觉察：当我们说"我没办法"时，情绪是否维持在平稳的状态？

面对焦虑，其实是一场不断地**"觉察—微调—修正—觉察—微调—修正……"**的动态过程。

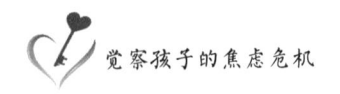

找到孩子口吃的成因

由于每个孩子口吃的原因都不同，可以考虑孩子的"输入"（接收外在信息）以及"输出"（自我表达）的方式。

◎ **让孩子有流畅说话的"成功经验"**

如果你发现孩子比较适合用听觉的输入方式，可以先通过说故事的方式，让孩子听；在孩子听完之后，练习把自己听到的内容说出来。

这样做的目的，主要在于让孩子可以有一些"成功"的经验，顺利且流畅地完成说话这件事，减少他总是认为"只要我讲话，一定会结巴"的自我预言，而造成心理上的障碍。

有些孩子则是你念一句，他可以跟着念一句。这样的孩子在"提取"自己所接收的信息上，是比较容易、比较顺利的。

◎ **"说"的过程，没有标准答案**

有的孩子在组织思考、提取话语的表达上，并不是那么容易，虽然知道要说什么，但就是说不出来。

有些练习是得反复进行的，例如让孩子看图说故事，先让他了解，在这个"说"的过程中并没有标准答案，由孩子通过"视觉理解"的方式，把图画中的故事内容清楚地说出来。

也许孩子说得断断续续，但没关系，再让孩子说第二遍、第三遍……在他说的过程中，如果出现口吃，**我们不做任何打断、纠正**。随后，可以这么练习：由我们先说，接着再让孩子反复地讲。

◎ **陪伴孩子找到最适合自己的"输出"与"输入"方式**

孩子就像在练习背台词一样，每个人背台词的方式不同，有的是用听的方式，有的是自己读台词，有的是看别人说……

在这当中，我们陪伴孩子，试着去找到每个人最适合的"输出"与"输入"方式。

舒缓焦虑，请给自己弹性，学会华丽转身

面对自己的焦虑，就像在跳一场舞：有时该转身，或是换个舞伴，或者该先停下来，仔细想想是否要换首舞曲；有时则考虑是否要退场稍微休息一下，或者思考自己的舞步是否过于凌乱，或是回到自己最擅长的舞姿，华尔兹、恰恰、吉鲁巴……

◎ **适合自己的，就是好的解压方式**

解压没有"非怎么做不可"的方式。我们要协助孩子了解，关于处理焦虑、纾解压力与缓和焦虑，并非一定要做什么样的活动。活动有很多，陪伴孩子去选择一个适合他的方式，不尽然一定要散步，一定要泡澡，一定要阅读或者是吹吹风。

没有人规定一定要采取什么样的方式。重要的是让孩子明白解压方法各式各样，这些都可以当成参考。就如同打开一份

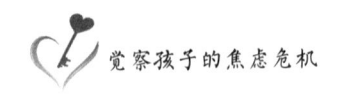

菜单，里面琳琅满目的美味佳肴，每一个人可以各取所需。

◎ 让孩子找到情绪平稳的"基准点"

或许孩子一下子面对这么多的方法会无所适从，我们就以孩子日常生活中最容易体验、做到的方式，一起陪伴他练习。

在练习的过程中，提醒孩子不时地**感受自己的呼吸、心跳、血压、脉搏，去感受自己真正的"情绪平稳"是什么样的状态**。

让孩子找到一个情绪平稳的基准点，把这个当成一项指标。也就是说，在我们做了一些活动与练习之后，最终的目的都是要回到这个平稳的状态。

◎ 解压，没有"非怎么做不可"的方式

请提醒自己：不一定就非得如何不可，解压没有"非怎么做不可"的方式。

我们感到焦虑，有很大一部分原因是我们常常想符合周围的人（例如爸爸、妈妈、老师）的期望。但有时，别人做了A有作用，自己练习A却没效果，反而让你开始怀疑自己、自我否定，觉得：是不是自己真的很糟糕？为什么人家散步、泡澡、阅读或吹吹风，就可以让自己的焦虑缓和，但我却不行？

其实，没有人说一定得怎么做才行。**给自己一些弹性，找到适合自己的方式，一定可以缓和焦虑。**

孩子有分离焦虑？

"你能不能不要再哭了？赶快进教室！太阳那么大，你一直站在这里很热的。我们赶快进教室，放学时，妈妈就会来接你了。"

不管玛莉老师怎么苦口婆心地劝说，小莲依然一直在哭。

"我要回家！我要回家！……老师，我可以回家吗？我妈妈什么时候会来？我要找妈妈，我不要上学。我要回家……"

"你都已经来到学校了，还在说不要上学，真的别闹了。快点，其他小朋友都在教室里面了，赶快进去。进去之后，老师多拿一些点心给你好不好？今天上课很好玩的。"

玛莉老师软硬兼施，但小莲始终不为所动。

"搞什么鬼，只是上个幼儿园，哭了老半天。班上还有那么多小朋友需要照顾，你不进教室，我怎么上课。不如请假别来了。"玛莉老师嘴巴嘀咕着。

小莲听了这些话，继续放声大哭。

玛莉老师已经受不了了，"我的耐心也是有限的，如果你再不进来，就在这边站着，我不管你了。都已经中班了，还长不大？"

玛莉老师说完，作势转身就走，但小莲只是继续站在原

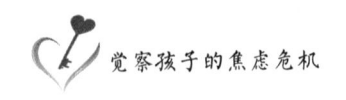

地，并且越哭越凄厉，完全没有要跟着进教室的迹象。

显然，这招对小莲来说一点作用都没有。

无法顺利地让小莲进教室，让玛莉老师十分懊恼，她心想："早知道就不要让小莲的妈妈那么快离开了。直接帮孩子请假，把她带回家，就不会有这些烦恼……"

而现在自己和小莲都站在幼儿园门口晒太阳，玛莉老师实在不知如何是好。

孩子有分离焦虑，怎么办？

陪伴孩子面对焦虑

分离焦虑的核心概念

"分离焦虑"的定义是：当主要照顾者（例如妈妈、保姆、奶奶、外婆等）离开孩子的视线时，孩子很明显地出现焦虑反应，并且持续很长一段时间。

这牵涉到孩子的"依附关系"的发展，即孩子与主要照顾者之间（此篇以母亲为例），最早的情感建立是否顺利。

若依附关系的发展不理想，孩子的安全感、对大人的信赖感也没有获得适当发展，因此，当妈妈离开了他的视线范围，莫名的焦虑便顿时涌现。同时，孩子很容易过度放大忧虑，担心妈妈会不会发生什么事情，是不是离开之后就不会再回来。

分离焦虑涉及了依附关系的建立，也就是说，**分离焦虑其实牵涉到两人之间的关系及互动。因此，不只是孩子需要改变，妈妈（主要照顾者）的反应也是关键。**

对于孩子的难分难舍，"强迫分离"是大忌

"分离焦虑"往往对一线老师造成很大的困扰，尤其若孩子一直杵在教室门口或校门口，不愿进学校，老师后续的课堂教学也将明显受到影响。

孩子一直在教室外哭泣，特别是不断哭喊着要找妈妈，也会引发教室里其他敏感的孩子放声大哭，吵着："我也要找妈妈。"一个连带地影响另一个……最后哭成一团，不但令幼儿园老师感到十分头痛，在这种状态下，孩子很难学习，也很难与其他小朋友进行互动。

不过，面对分离焦虑，最忌讳采取强迫的方式硬将孩子和妈妈分开。因为这时如果妈妈强硬地离开，反而容易使孩子对于分离产生过度的情绪反弹，更加剧他对于"和妈妈分离"这件事情的情绪反应。

暂时性的陪读

那么，是否要让妈妈陪同孩子进入幼儿园一段时间呢？

适度的陪读，有其阶段性与必要性。而**是否实行，则以**

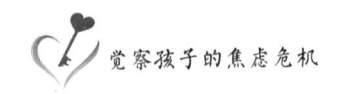

"孩子和妈妈可以分开的程度"来做决定。

如果孩子无法跨进学校,就需要启动陪读的做法。

有些孩子很敏感,妈妈只要有任何举动,孩子就会抓住妈妈,就像考拉抱住桉树,或者袋鼠宝宝与袋鼠妈妈紧紧相连一样。所以妈妈陪同孩子在教室里时,最好就只是静静地陪伴在身旁,不与孩子进行太多的互动,这有助于孩子渐渐地将注意力转移到对于课程活动的关注。

当孩子逐渐对幼儿园的活动产生了兴趣,注意力也逐渐从妈妈移位到教室里的活动,分离焦虑便渐渐缓和了下来。

启动无压力的活动

孩子进了幼儿园后,为了避免他把注意力一直聚焦在即将离开的妈妈身上,我们可以借由吸引孩子的活动,来让他的注意力进行适度转移。

在课堂上,对孩子的要求可以暂时减少,以免让孩子产生一些压力。对于有些孩子来说,当压力一上来时,很容易又会开始想要寻求对于妈妈的依赖。

因此,"一大早的课堂活动要如何吸引孩子",这可以是老师在活动设计上思考的一个切入点。

从妈妈转移至老师,依附对象的过渡性位移

试着让孩子将注意力逐渐从妈妈身上转移到幼儿园老师身

上，这有助于降低孩子分离焦虑的程度。

这是一个过渡阶段，协助孩子把情感对象转移至另外一位他信任的大人，**至少在这个情境里，让孩子能够先维持他的安全感。**

虽然对于老师来讲，孩子过度地黏附自己，会对教学带来困扰，但至少让有分离焦虑的孩子愿意待在教室里，多少会有些学习上的成效。

让孩子逐渐建立对于教室里的安全感，以及对于老师的信赖感。

无论如何，千万不要"不告而别"

特别提醒：不要在没有告知孩子的情况下，突然离开孩子。这种状况往往会使孩子极度焦虑、恐慌。

◎ 从家里开始练习

建议从在家里时开始做起，适时且具体地告诉孩子，接下来你要做什么事情。

例如在家里时，除妈妈之外，还有爸爸在。当妈妈要离开孩子的视线时，清楚地告诉孩子：

"小莲，妈妈去阳台晒衣服，晒完衣服，我就下来了。"
"小莲，妈妈现在去洗澡，你跟爸爸在客厅玩。"
"小莲，妈妈现在要去倒垃圾，倒完，妈妈就上来。你先

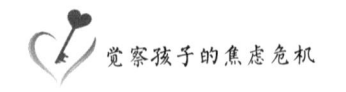

和爸爸一起玩。"

而且提醒自己,说到做到。

◎ **选择告诉孩子的"恰当时间点"**

也许一开始,孩子会想要黏着你,跟着你一起去,因此,选择告诉孩子的"恰当时间点"是非常重要的。

当孩子专注于游戏活动,或是孩子和其他照顾者(比如爸爸)一起玩游戏或看动画片时,妈妈离开会比较容易。

一开始,在离开孩子的视线前必须先说明。

不过,如果经过一次次的练习,逐渐发现孩子似乎比较能接受自己离开视线,而没有明显的焦虑反应出现,就可以尝试逐渐地直接离开,不再主动告知孩子,而是让分离自然而然地发生,让孩子了解妈妈现在就是要去阳台晒衣服、去洗澡或者倒垃圾。

渐渐地,从妈妈手里拿的物品(例如一篮衣服、换洗衣服或垃圾袋),孩子就明白,妈妈这时要去做什么事。**当孩子可以预期妈妈在做完这些事情后,就会再回到他的视线里,对于妈妈的离开便会感到相对地安心。**

与孩子一起编写关于"分离焦虑"的故事

我们来编写一段关于分离焦虑的故事,并且可以引导孩子自行改编内容。

先进行主角设定,比如小鸭子、小兔子、小猫咪、小熊、小狗等,也可以包括小朋友自己,同时也要设定妈妈的角色。

故事开始,妈妈离开了主角的视线,也许是去觅食、买菜、洗澡、上厕所、喝下午茶……任何活动都可以,这时让孩子动脑想想并揣摩主角的心情、感受。

◎ **故事:《鸭妈妈不告而别》**

鸭妈妈见小鸭子在睡觉,没有叫醒它,向鸭爸爸交代了一下,就转身离开去美容院洗头发了。

小鸭子醒来后,焦虑不安地在池塘里游来游去,急着找妈妈。

"妈妈去哪里了?为什么不见了?整个池塘里,我都找不到妈妈。妈妈到底在哪里?"

小鸭子不断地呱呱呱,呱呱呱,不断地问鸭爸爸:

"妈妈去哪里了?妈妈什么时候回来?"

小鸭子的脑袋里,浮现出好多令自己狂冒鸭汗的画面……

"妈妈会不会不回家了?"

"妈妈会不会变成烤鸭?"

"妈妈会不会变成老板的鸭箱宝?"

"妈妈会不会变成宜兰鸭赏?"

"妈妈会不会变成东山鸭头?"

害怕、恐惧,在它的脑海里,不断涌现。

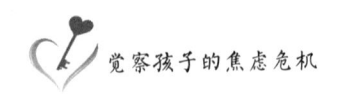

◎ **让孩子明白自己的想象（认知），会左右自己的情绪反应**

你可以继续改编成不同的故事，例如，鸭妈妈出门前告诉过小鸭子，她要去市场买菜，叫它和鸭爸爸待在池塘里。

让孩子参与改编故事的过程，加上讨论，孩子的印象会更加深刻。

引导孩子了解他怎么想象（认知），会左右他后来的情绪反应（焦虑或其他）。

如果小鸭子的想象是鸭妈妈会带好吃的甜甜圈回池塘，那么有鸭爸爸在旁边陪伴，会令它感到安心与期待。

我们怎么想、思绪怎么走，也会决定我们接下来的情绪如何变化。

你也可以把故事拉回孩子切身的经历上，例如为什么有些小朋友离开妈妈去上学，可以非常自在，但有些小朋友却非常难受，担心在自己看不到的地方，妈妈会发生什么事情。

放手让孩子天马行空地脑力激荡，把妈妈离开自己的视线后会发生的各种可能状况，逐一说出来。比如小鸭子担心鸭妈妈变成东山鸭头或烤鸭，虽然不是那么合理，但你不能说不对。

这也有助于孩子了解，**每个人有各自不同的想法，这些想法没有对错、没有好坏，我们都要尊重。**

孩子对陌生人焦虑？

"哇，弟弟好可爱哦！几岁啦？"琳达阿姨把伴手礼交给妈妈之后，趋前伸开双臂，热情地想要拥抱恩恩。恩恩却快速地退回到妈妈的身后。

"恩恩，跟阿姨打招呼，不要这么没礼貌。琳达阿姨在跟你问好啊。"

妈妈对恩恩说，但恩恩紧闭着双唇，像遭受惊吓的花猫一样，两眼直直地瞪着琳达阿姨。

"别害羞嘛。干吗躲在妈妈身后呢？我已经很久没见到你了。你刚出生的时候，阿姨可是抱过你哦。"

不管琳达阿姨怎么说，恩恩依然不为所动。

妈妈有些耐不住脾气了，"恩恩，你再这么不听话，再这么没礼貌，妈妈要生气了哦！过去，过去，跟阿姨打招呼。"妈妈边说边推着恩恩，但孩子的身体硬邦邦的，像木头一样动也不动。

"你这个孩子真是的，刚才玩的时候活蹦乱跳，嘻嘻哈哈的，怎么见到阿姨就突然间变成另外一个人？"

"没关系，没关系，不要勉强他，阿姨跟你挥挥手就好了。

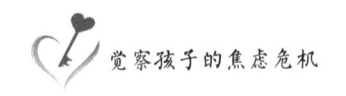

不怕，不怕，恩恩不怕。"琳达阿姨有些尴尬地挥着手。

妈妈板着脸，嘴里嘀咕着："真是让我丢脸死了。不好意思，不好意思……"

妈妈说着，一只手偷偷捏了恩恩的手臂一把，恩恩痛得哇哇哭了起来。

曾几何时，打招呼竟然变成孩子最为焦虑的事情，也是最为厌恶的事情。

陪伴孩子面对焦虑

对陌生人焦虑，是孩子自我保护的"本能"

对陌生人感到焦虑，这是一种很本能的自我保护方式。毕竟对孩子来讲，眼前的这个人，他并不熟悉，而令他产生了威胁性与不安全感。

孩子通过哭闹、尖叫的情绪行为反应，就如同发出警报，提醒父母前来保护自己，让自己与眼前的陌生人维持在一种安全距离的状态。

在此，对于"陌生人"的设定，主要是以孩子是否熟悉为原则。也许这个人是爸爸或妈妈在工作上或生活上的朋友，或者以前的同学，但是对于孩子而言仍然是陌生的。

大人是否认识，与孩子是否熟悉是两回事。站在孩子的角度，这个人对自己来说就是陌生人，我们要避免以大人的关系来设定。

若我们身为陌生人……
"跟孩子玩"和"玩孩子"是不同的

如果我们是孩子眼中的陌生人，要对他表达善意，可以和孩子一起玩。这和"玩孩子"可是不同的概念。

既然是一起玩，我们就希望让孩子感受到愉悦，露出浅浅的微笑或者笑开怀。

善意地表达对孩子的喜欢，并不需要用手去触摸他的脸颊、捏他的屁股或摸他的头发，更绝对不要偷亲一下。

虽然觉得眼前的孩子可爱，但彼此之间依然得维持界限和交际距离，这是一种**相互尊重**。无论孩子懂不懂，但至少大人要能够了解与遵守。

别逼得孩子打招呼只剩形式

到底该不该教孩子看到大人要主动打招呼？对于这一点，我持保留态度。

不见得非要让孩子主动走上前，露出笑容，挥挥手，热情地喊："叔叔好！""阿姨好！"这种打招呼的方式很刻板，而且也并非得如此不可。

有时，孩子只是看着对方，点个头，浅浅地微笑，这也是

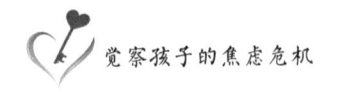

一种打招呼的方式。

打招呼，别强人所难

与其强迫孩子主动和大人打招呼，倒不如由大人主动，不带威胁性地跟孩子打招呼。

关于这一点，也许你有疑问："有啊，我都有主动和孩子打招呼，但是他都没什么反应。"这让你有一种热脸贴冷屁股的感觉。

不过，打招呼这件事真的不能强人所难，也不能光要求孩子一定要有回应。

我们越是刻意要求孩子主动跟大人打招呼，对于这件事，孩子就会越来越排斥，尤其这是自己不想做的事情。

打招呼，应该是非常自然而然的。

在此特别提醒大人，千万不要再这样对孩子说："怎么不跟老师打招呼？你再不打招呼，我们就不要回家。""我刚才已经跟你讲过了喔，怎么不听话？这么没礼貌。"越是这样恐吓、威胁和勒索，反而越会逼得孩子更厌恶眼前这个大人，厌恶打招呼这件事。

临床测试：别让娃娃哭闹

有一个方法，我们可以用来测试自己的特质（这对于儿童青少年领域的心理师和治疗师也适用）。

面对学龄前的孩子，特别是婴幼儿，如何让孩子眼神专注地看着你，甚至对着你笑、挥挥手，而不至于出现惊吓、害怕的反应？

如果孩子一转头看到你，就马上放声大哭，除了想想是否自己的颜值吓到了他，更要认真思考的是：**我们的反应，是否带给孩子威胁感。**

在此我要强调的是：我们可以不具威胁性地主动和孩子打招呼，而孩子其实也正在观察着我们是否友善或好玩。

眼神注视：要小心运用的技巧

如果与孩子四目相对时，从他的眼神中反映出的是一种焦虑，那么在和他互动时，必须避免一直要求或强调他的眼睛一定要看着我们。

过度强调这一点，反而更使孩子过度聚焦在"眼神注视"上，而更容易升高他的焦虑指数，于是，**你越叫他做（眼睛看着你），孩子越紧张，越想逃避。**

那么，我们可以怎么办呢？

虽然孩子无法直视我们，但至少我们可以注视他。当我们很自然地与其对话时，孩子可以在这样的互动过程中慢慢地评估，和我们的对话是否令他有威胁感，以及他原本所担心的事是否会发生。

善用"媒介"，作为沟通的润滑剂

当孩子表现得尴尬、不自在时，我们可以利用比较容易吸

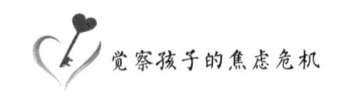

引孩子注意力的一些物品，作为彼此沟通的"媒介"。

有些孩子不习惯，一开始，眼神会不时位移，一会儿停留在物品上，一会儿与你的眼神交会。可以用渐进的方式，让孩子慢慢学会眼睛要往哪里看，逐渐地就熟练了。

让孩子明白，我们期待与他有眼神接触，并不是指眼睛一直要盯住对方不动，而是可以适度进行位移的。比如有时候会**借由身体的移动、姿势的摆动，把注意力转移到别处，而不是一直盯着对方看，这反而会让对方觉得不自在，自己也会不自在。**

要提升孩子的眼神接触能力，也可以通过一些游戏或活动，其中最常使用，也比较容易进行的方式是"丢接球"：双方相隔适度的距离，进行丢、接球。在传球的过程中，能让孩子很自然地把眼神聚焦在我们的视线上。

创造友善的互动气氛

要让孩子觉得你有善意，在于他觉得你是一个好玩、有意思的人。比如你的一个眼神或微微牵动嘴角，使他对你产生好奇及注意，或是你从自己身上拿出小饰品或玩具，做出一个小小的动作，让孩子持续关注你。

如果你就像孩子的大玩偶，是不具威胁感的，孩子就会对着你笑。

有些大人会刻意扮鬼脸，但是请记得，这个鬼脸不要突然间吓到了孩子，而是能让孩子会心一笑的。

谁说"微笑"不是一种打招呼的方式呢？

担心帖文没人关注或点赞，
孩子好焦虑？

敏如不时滑着自己的脸书更新。很纳闷为什么小铃铛上面未特别显示有人点赞的信息。是不是自己这次的照片和帖文太不吸引人了？

"没关系，我把它删掉，再重来一张。这次，我干脆把文字写得夸张一点，照片用滤镜加工，美化得明显一点。这样点赞的人一定会多很多。"

这么一想，敏如感到振奋了一些。不过，一直盯着手机屏幕看，让她有很多事情停摆了。而她自己也说不上来，要这些赞到底有什么用。

小铃铛上，开始出现了数字：1、2、3……没多久，已经有5个人点赞了。敏如非常兴奋，马上回复了一些感谢的贴图。

只是，怎么又是10分钟过去了，接着半个小时过去了……小铃铛上一直都没有信息通知。

点赞数又停止了，敏如的心情又转为焦虑、不安。对于"被点赞"，其实她有种说不出来的矛盾感觉，又爱又讨厌地，眼睛一直盯着小铃铛，期待上面的数字有变化。

这样的莫名焦虑，促使敏如隔三岔五就上传新的动态，频繁的帖文引来了班上同学的嘲讽和抱怨：

"真的是在刷存在感！"

"哪有那么多事情好写。以为自己是新闻台，是网红吗？"

"对嘛，刷屏吗？"

甚至有同学扬言要拉黑敏如。

同学们的反应也让敏如的心里纠结起来，困惑地想着："我到底在干吗呢？"

然而，被关注、被接受，这是敏如内心一股很大的欲望与需求。

但是另一方面，她又非常纳闷：为什么班上的小华只是写了一段鸡汤文，点赞、送爱心或追捧她的人却有一大堆？

为什么会有这样的差别？为什么小华这么受欢迎，而自己就像边缘人一样，无论在虚拟世界、脸书还是图片分享社交应用（Instagram），都像陷入冷库里冰冻着，没有人关注？

有一段时间，敏如沮丧到想要删除脸书账号。然而她又担心，假如账号真的删除，自己好不容易累积的100多个脸书朋友就全都消失不见了。

虽然她也知道这100多个朋友，还是自己广发交友邀请而得来的，甚至为此被检举，脸书遭停权数次。

一旦删除了账号，又要重新来过，她不确定是否还能再获得这么多脸书朋友。

敏如好焦虑。

陪伴孩子面对焦虑

带孩子思考:"被点赞"是一种诱惑,也可能是一个陷阱

不只儿童、青少年,许多成人也是如此,使用社群平台时,很自然地倾向与期待被关注。受人关注的满足感就像赌赢的那瞬间,这种赌博式的回馈让我们继续流连于社群网站。

建议你和孩子一起想想:在社群网站(比如脸书)上点赞、回复等,这些代表什么?我们花了那么多时间和心思,只为了小铃铛上面红色数字的变化,**这样的赞和回复,对自己来说有多大的意义?**

与孩子讨论:为什么他期待受到认同

一个人期待被看见、期待受到关注,是很自然的事,因为在这背后充满了被肯定与被认同。我们可以进一步与孩子讨论**"他期待被肯定、被认同的地方是什么"**:是他的作为?说了一句话?美化了一张照片?还是接受他这个人?

而在获得认同之后的感受呢?他是多了自我肯定,对自己更有自信、更接纳自己、更喜欢自己?还是存有一种刻板印

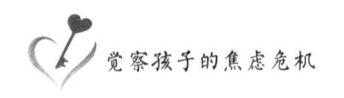

象，认为自己是所谓"网红"？

回避负面信息的练习

有的孩子特别需要回避不必要的信息、关掉不必要的互动，尤其是当孩子过度关注网友的回应时，比如脸书、LINE群组里是否有人在谈论自己，以及别人对自己说了什么话等。

◎ **我们很容易聚焦于负面评论**

在这些不必要的信息中，假设有 100 则留言，其中有 95 则是正向的，但是另外 5 则倾向于负面批评时，我们的注意力很容易聚焦在这 5 则回应上，而使情绪受到干扰及波动，进而影响接下来要做的事。

以我自己来说，仍然在练习"如何面对负面评论"这件事。我知道自己对于一些言论、留言和反应，特别是文字的表达，依然是很在乎的，因此不瞒你说，到目前为止，我都不太看自己演讲后听众的回馈。

不是每一个人都有足够的抗压性，面对负面信息时，都能够如钢铁般强而有力地去抵挡，或者像海绵般吸收及化解。

◎ **我们要清楚自己的能力到哪里**

或许你会质疑：不留意听众的回馈，如何作为下次改进演讲表现的参考？

我的做法是充分地自我觉察，在演讲现场感受听众的直接反应。关于这一点，我很确定自己的细腻观察有助于适时修正。

我们要非常清楚自己的能力到哪里，没有必要自我暴露在太多的负面信息上，这样只会徒增心思、时间、能力与专注力的耗损，而让自己更加焦虑及困扰。

找出充满正向能量的语句，调整认知角度

让孩子了解，有时候是我们太急于对眼前的事物下结论，而容易产生负面想法，并且常常没有经过思考，就任由这些负面想法影响到自己的思绪与情绪，还以为很多事情都会如预想的那样糟糕。

我们可以练习以比较合理的角度、方式来思考。

日常生活中就有许多文本，比如电影、杂志、文章、书籍，以及一些生活对话，我们可以从中找到足以激发"正能量"的字句。

正向能量的语句，并非让人忽略眼前的现实状况，而主要是使我们有机会通过不同的角度解释情况，进而了解对于同一件事情，可以有许多不同的解读方式。

运用这个练习，足以改变看待事物的习惯。一旦孩子熟悉了这样的解读方式，就会逐渐地建立"比较合理看事情"的良好习惯，焦虑便不至于匆匆来到眼前。

"认知的调整"，这是面对焦虑时，非常重要的练习及功课。我甚至认为当调整了认知，接下来在应对焦虑时就易如反掌了。

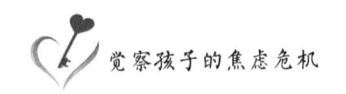

法庭攻防战：在脑海里进行"自我对话"

孩子很容易没多加思考，便理所当然地认为"我就是这样"。但是否真的只能是这样呢？当然不是的。

这种常常不假思索的反应，实在非常扰人。我们必须让孩子了解在下结论之前，真的需要停下来，先搞清楚自己为什么会这么想。

我非常喜欢看法庭戏，在法庭上，可以看到双方的委托律师如何捍卫己方的权益，进行攻防。

这套方法也可以用来练习，把律师的法庭攻防战搬进自己的脑海里，自行练习对话，有助于思绪越来越清楚，越来越清晰。

通过"自我对话"的方式，让孩子经由一次一次练习，明白每个人身上可以有两种以上的不同声音存在。就像原告与被告的律师分别提出对自己有利的一套看法，而自己就是法官，进行最后宣判。

在自我对话的过程中，对抱有比较负面想法的律师，我们要加以反驳，甚至提出对己方有利的论点，让负面思考的律师最后选择放弃。

思考需要"对战"

思考的过程是需要"对战"的，就像发挥玩联机游戏的精神一样，因为我们所想的一切，对于实际的情绪反应与现实生活都会产生强大影响。

让孩子了解：为什么你这么说？为什么他那么说？为什么我这么想？"你、我、他"，至少有了三种想法。先不谈谁对谁错，最起码让孩子明白在这三种想法中，哪一种想法对自己最有帮助。

这样的思考过程，有助于我们的日常生活及学习更顺利。毋庸置疑，好的想法将带我们到达更好的状态。

随时自我觉察自己的想法与情绪，懂得如何消减自己的焦虑，并且找到一种合理的解释去面对与反应。

焦虑会以不同的强度迎面袭来，但如果能协助孩子试着做好各种预防及准备，甚至于当强烈的压力来临时，**学会采取分段的方式逐一释放**，便可以比较从容地面对。

你注意到了吗?
当我们说话速度变得很急、很快时,
孩子的情绪也会随之变得躁动。

高敏感的孩子，风吹草动就焦虑？

"大荣，你给我安静一点，我在上课。你到底在干吗？再吵的话，你就不要下课。搞什么鬼！老是不听话。"老师提高嗓门数落大荣，但大荣嬉皮笑脸，一副事不关己的模样。

倒是坐得远远的林云云却显得很有事，这明明不关她的事啊。

只要一遇到老师把音量提高，云云就觉得老师是针对自己而来。座位上的她不断搓揉着手，不时低下头，眼睛盯住桌面。

"同学们看这边，看看等腰三角形的两条边、两个角，这两个角是一样的，所以你们换算的时候，记得先把180°减掉顶角，剩下的两个角再除以二……"

大荣转过头，对着坐在后面的阿信展示他新买的宝可梦游戏卡。

"啪！"老师用力把数学课本甩在讲桌上，"大荣！我已经警告你了，你还在那边说话？"

大荣还没出声，坐在远端门旁的云云竟然哭了起来，眼泪一直流，一直流。

老师的视线扫向云云，"云云，你哭什么呢？一个大荣就够让我头痛了，你还来凑热闹？"

望着泪流满面的云云，老师感到莫名其妙，"真是的……"

陪伴孩子面对焦虑

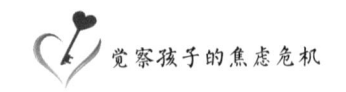

震中没事，远端却有事

教室里常常会出现一种状况：当老师大声地指责班上某一个同学时，被骂的当事人显得不痛不痒，没有什么反应，反倒是班上的其他孩子明显受到惊吓而焦虑不已。

这种状况，我常常形容为"震中所在没事，在遥远的地方却很有事"。

对于这种情况，我会思考：**孩子反映出来的是什么信息。**

是对于老师大声、严厉而过度敏感？还是害怕老师也会骂自己？……无论什么原因，这往往使孩子常处在一种焦虑状态，无法专心于课堂学习。

风吹草动，皆与"我"有关

有些孩子属于高敏感，对于教室里的风吹草动，总认为是和自己有关系。例如，当老师上课时责骂别的同学，当事人很容易误以为老师也在责骂自己。

面对高敏感的孩子，老师难免无可奈何地这么想：

"我在进行班级管理，管爱说话、爱干扰的同学，但那孩子爱哭，我能怎么办？"

"我总不能不管课堂秩序吧。更何况,重点是我没有骂那孩子喔!这是他/她的问题,不是我的问题。"

辨识"敏感"的差异

我们需要厘清,有些孩子是属于感官上对听觉刺激过度敏感,因此大声、尖锐、高亢的语调和音量,会造成其听觉上的不舒适,使其感到疼痛,极度焦虑。

有些孩子则认为讲话的内容、字眼和自己有关,这一点跟孩子是如何解读、思考的有所关联。我们需要逐一地厘清,孩子的想法是否出现误解、扭曲与过度放大。

这两种敏感是不一样的。

换位模拟:想象自己是数学老师……

引导孩子想象:自己是数学老师,面对坐在教室前方第一排的大荣不时干扰上课这一问题,自己会做出怎样的反应?

同样,试着再度想象:身为数学老师,自己的所有目光都聚焦在眼前的大荣身上,坐在门边的林云云并不在自己的视线里。

——也就是说,老师的火力射程仅及他眼前第一排的大荣,对于在远端角落的林云云完全是八竿子打不着。

引导思考:"老师生气的对象不是我。"

引导孩子思考:老师现在生气的对象是大荣,并不是针对

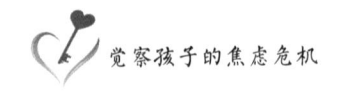

我。主因是大荣上课时，不断在干扰老师，所以老师才发出尖锐的声音，以责骂的口吻威胁、要求不守规矩的大荣听话。

——老师的对象是大荣，我是林云云，这是两件事情。

"这和我一点关系都没有，我很确定，我在课堂上遵守着上课的规定，我安安静静地坐在座位上。因此，老师没有任何理由及必要来针对我。整个过程，就是针对大荣，这一点我很清楚，所以无论老师再怎么大声，他还是针对大荣，和我没关系。"

入戏演练：直接做角色扮演

如果有些想象的方式对孩子来讲比较抽象，可以直接进行"角色扮演"。请林云云站到讲台上，扮演数学老师，对着第一排的大荣直接入戏演练。

让孩子借由角色的互换来加深感受：数学老师"射击"的对象，真的就只有他眼前第一排的大荣。

孩子需要演练，因为这有助于**强化脑海中的画面，使其对想象的情境更熟悉**。画面越清晰，孩子对于整个情境就更加能够把握，有助于降低焦虑感。

以"干我屁事"的概念，通过自我对话，划出心理界限

看到标题，你可能觉得意中心理师怎么用词不雅，但事

实上，就是如此。孩子可以使用一些有助于自己划出"心理界限"的字词，简单地讲，就是一种"干我屁事"的概念。

这些词汇、字眼，或许听起来不雅，但我们并非脱口说出来，而是在自己的脑海里、内心里，对自己说。要让自己不受负面想法的影响，有时候，"自我对话"的用字遣词实在有必要犀利一点。

敏感其实不是坏事，但是，如果敏感总是和孩子的负面思考联结在一起，那就真的很容易坏事。所以，如何调整孩子的认知是很重要的，让孩子用一个比较合理的方式，来解释自己与周围人、事、物之间的关系。

这也是我在书中不断强调的主轴：认知想法的改变，对于改善焦虑状况绝对有影响。

一句话，是否可以改变一个人？关于这一点，我是非常相信的。正如在阅读过程中，一字一句的文字，处处影响着我们看待事情、解决问题的方式。

只不过**要产生改变，需要我们每天非常敏锐地觉察自己对一些事情的看法，并且试着以合理的方式去解读，加上不断在脑海里练习。**

别让负面思考任意飘

我们的想法、认知和注意力飘向哪里，也决定了遇到状况的第一时间，自己的情绪会往哪个方向走。

关于自己要怎么想、要不要想、想多少、想到什么程度

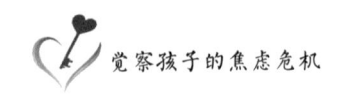

等，有些孩子可以很清楚地有效掌控，自己完全可以拿捏。

然而，有些孩子则无法觉察自己到底是如何思考的，念头又到底是如何东跑西跑的，最后就只能任由负面想法四处飘。有时飘到对自己不利的地方，就像跑到幽闭的山谷里，想法在山谷中不断地绕啊绕，绕不出来。这种在山谷里一直转不出来的状态，将使孩子长时间处于焦虑状态，困扰不已。

老师的敏感度很重要

每个孩子在课堂上能承受的抗压力与情绪反应不尽相同，请老师特别留意，**孩子在教室里是否出现明显的异样行为表现。**

例如，不断地抠手指、啃手指甲、拔头发、眨眼睛、咬衣领、咬袖子、手出汗，出现不自主的抽搐动作、声音等，这些都可以作为观察的指标，来了解孩子在教室里的压力调适及应对状态。

孩子在教室里，到底怎么了？如果老师可以很敏感地留意到班上孩子的一些异样，将有助于家长在第一时间发现孩子的特质与状况，从而在初期的黄金阶段，进行协助与介入，或是老师进而调整与修正，以有效改善孩子在教室里的适应问题。

找出焦虑的原因

当孩子在学校出现像故事里云云的焦虑情况时，父母可以先试着了解孩子在日常生活中，解读事情时，是否总容易过度联想、过度解释，将一些不相干的事与自己绑在一起，并且朝着对自己不利的方面来想象、放大或扭曲，而衍生出焦虑，影响到上课表现。

接着，引导孩子回到自己的生活经历中，曾经在哪些情况下出现焦虑，并且停下来思考造成这些焦虑的原因通常是什么，例如上学迟到，导致被老师处罚、受同学嘲笑；考试成绩不理想，导致自己无法进入理想的学校；或是成绩落后，导致自己在班上得忍受同学的嘲讽对待，或遭爸妈、老师责骂，等等。

思考这些行为及结果是有必要的，关键在于**厘清自己的担忧是否合理**，在过与不及之间，我们投入了多少心思与注意力，是否不断在放大负面感受，使得担心、焦虑或顾虑变得像无止境的循环，不断扩散，直到令人窒息。

身为家长的我们一定有过以上的经历，先试着明白自己的情况，再把这份了解转移到孩子身上，或许，比较容易感同身受为何孩子在这种情况下会焦虑不安，甚至于恐慌。

同时，既然焦虑也令我们感到极度不舒服，我们可以理解，孩子其实也不希望处在这种状态。

设定焦虑的界限

每个人都要对焦虑设下一道自己可以容忍的"界限"。这道焦虑界限如何判定，可以与孩子共同讨论。例如从生理反应切入，像是心跳太快、手出汗、肠胃不舒服、尿频、想拉肚子、偏头痛、肩颈酸痛等，让自己受不了的状况。

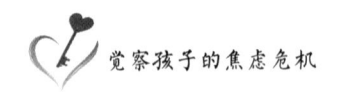

以主观的"我受不了了",作为焦虑的界限。

我们不想让焦虑越过这个界限,无论如何都必须将焦虑锁定在界限以内。孩子要练习当自己的焦虑逐渐接近这道界限时,要发出求救的信号:

妈妈帮帮我 / 爸爸帮帮我 / 老师帮帮我,我快受不了了,我快要没有办法控制了。

这表示孩子已经感受到焦虑快要跨越自己所设定的那个界限。

如果你是老师,试着和全班学生一起讨论大家可以容忍的焦虑界限。每个人的焦虑界限不一定相同,无须比较谁的容忍度比较高、比较强或谁撑得比较久,没有这个必要。回归到每个人当下的状态,面对焦虑,处理焦虑,转移焦虑,这没有什么好比较的。

协助孩子将焦虑有效控制在一定的范围内。先设定好这个焦虑界限,以防自己不自觉地越了过去,而深陷焦虑的困扰中。否则,一旦焦虑的高气压笼罩在孩子的日常生活当中,使其感到窒息,手足无措的孩子在疲于挣扎之后,只能两手一摊,任由焦虑折磨。

让孩子试着控制自己的想法,移除一些不相干的杂念,或者隔绝具有破坏性、干扰性的念头。

孩子要上学就焦虑？

小雅又闹肚子痛了，从她的表情看起来，似乎痛得不得了。

她皱着眉蹲了下去，双手抱着肚子，脸部表情扭曲着，不时发出哀号："妈妈，我肚子好痛，我肚子好痛……"

妈妈一时不知该如何是好，心想："怎么又突然如此？"

最近每当星期一的早上准备出门上学时，小雅就常常闹肚子痛。

"你要先休息一下吗？"妈妈问，小雅虚弱地点点头。

眼看上课时间快到了，但是看看小雅痛苦的模样，要她出门，实在有些为难。

"临时挂门诊得去现场排队，急诊也不是说挂就挂得到……"妈妈嘀咕着，孩子上学快来不及，自己上班也快迟到了。

小雅虚软地躺在沙发上，闭上眼，嘴角微微动着，从她的表情，可以感受到她强烈的不舒服。但妈妈不由得纳闷："为什么老是挑这个时间呢？昨天晚上看起来还好好的，整个人活蹦乱跳。怎么每次一到星期一早上，要出门上学时，就出现这个状况？"

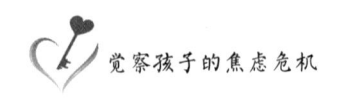

很想问小雅："这究竟是怎么回事？"但妈妈又把话咽了回去，因为她知道当下也问不出个所以然。

现在首先需要解决的问题是，她需要立即做决定，到底是先打电话向老师请假，还是先到诊所挂号。

妈妈对于小雅闹腹痛一事是存疑的。因为每回带她到诊所，医生都认为孩子没有什么问题，但是看她痛苦的模样，帮她请了假，结果一回到家又显得若无其事。

妈妈自问："小雅是不是在逃避？是不是装病，故意抱怨肚子痛、胃痛等的，就为了不用上学？"

孩子因上学焦虑，怎么办？

陪伴孩子面对焦虑

预拟 SOP[①] 流程，不怕时间压力

先让孩子休息一下，观察孩子上述的不舒服，是否借由休息获得短暂纾解。

平时则可以预先拟好"SOP 流程"，当日后遇到类似状况时，可以有条不紊、循序渐进地处理，以免一早赶着出门，在

[①] SOP，意为"标准作业流程"，英文全称为 Standard Operating Procedure。

时间压力下乱了阵脚。

以"相信孩子"为原则

当孩子显得持续疼痛难耐时，**先寻求医生协助**，以确认是否有生理上的问题，例如肠绞痛、盲肠炎、肠胃不适、胃溃疡等，避免延误就医。或经医生判断之后，并不认为孩子有生理上的状况，而是存在着心因性的身心症状，是因压力所引起的不适。

先看医生怎么说，如果有明确生理问题（如上呼吸道感染），则配合医生的建议与处置，在家休息、服药或采取其他应对方法。

厘清是否受"返校"刺激

假如无明显的生理问题，除遵从医生的建议之外，看完门诊，孩子请了几节课的假之后，再返回学校上课时，请进一步观察孩子的情绪反应。

如果一提及返校或回到学校，孩子又出现疼痛、不舒服等身体的抱怨症状，我们必须思考，"上学"这件事是否为孩子的压力源。

每一个人承受的压力源不尽相同，也许来自功课学习，也许来自和老师之间的关系，或过度注意老师的反应，或者同学之间相处的压力……有待我们进一步厘清。

先让孩子待在保健室，或允许孩子在教室里，趴在桌上休

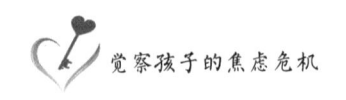

息。有些孩子觉得趴在教室桌上休息,在同学们的眼中显得突兀,对此会感到不安、不自在而抗拒,可以让孩子待在保健室直到不适症状有所改善,再适时地回到班上。

当身体的抱怨症状又开始出现时,我们必须思考,是否原班的教室情境对孩子存在着明显的压力源。

只不过父母常会发现,只要一请假,远离校园,孩子的身体情况就明显好转。

当孩子远离了压力情境,虽然还不确定他在学校发生了什么事情,但是多少可以了解其焦虑的原因与校园生活有关,例如在学习、人际、课业上,或是与老师、同学的关系。

在家模式

假设现在孩子回到家了,那么,他在家里需不需要准备学校的功课?比如考试、测验及作业等。假如孩子拒绝准备,我们需要厘清他拒绝的原因是什么。

除非孩子在家里,依然身体不舒服,躺在床上,或吃了药,整个人昏睡;如果不是这些现象,甚至于医生没开药,也确认没有生理上的问题,孩子回到家,整个身体状况恢复到原来的样子,那么孩子要说服我们为何他不写作业。

预防逃避行为的强化

如果孩子反映不舒服,没有办法做功课,那么他需要躺着，好好休息，当然也就谢绝手机、平板电脑、计算机、电视及网络的使用，除非他告诉我们，他觉得身体状况好多了。

那是否得看书、做功课呢？如果不做，那孩子需要说服我们，理由到底是什么。**在孩子没有提出具体的理由说服我们之前，是不应该让他使用电子产品的。**

我们也要回过头来注意让孩子想要待在家里的理由。例如：可以在家里好好吹空调，可以轻松自在地穿衣服，不需要被要求、被命令；爸妈都去工作了，在家里，想要做什么就做什么，想要玩游戏就玩游戏，想上网就上网，想要吃东西，打开冰箱就有了，甚至可以直接叫外卖。

当孩子的逃避行为为他带来他想要的结果时，就很容易使孩子下一次继续不想上学。

写下来，逐条列出压力源

有些孩子选择请假在家，但依然会准备学校的课业，那么可以先排除课业因素。

至于到底是什么因素，导致孩子一到学校就会过度焦虑，抱怨头痛、不舒服、肠胃不适、频频拉肚子等，这需要进一步厘清。

拿出一张纸，把各种能想得到的压力因素都写下来。

例如：考试成绩不理想，没有准备考试，没有写作业，老师要求太多，学校今天要考试，学校有比赛，担心比赛的成绩与结果，与同学起了争执，被排挤，被疏离，答应今天要

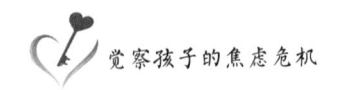

给人家东西却没有做完，在学校被霸凌……这些可能存在的压力源。

对于上学焦虑这件事情，"找到孩子的压力源"，这是最根本的问题。

我们必须找到孩子拒绝的那些压力点，才有机会逐一地解套。否则只是一直在外围反反复复地绕，一到上学时间，孩子又开始出现逃避反应，身体又开始抱怨。

进一步，化解压力

假如我们找出了孩子的压力源，接下来要思考的是：**有些问题是孩子没有能力解决的，而有待我们协助加以移除，或是提升孩子解决问题的能力。**

例如孩子在学校被欺负、被霸凌，若我们没有协助其解决这些人际问题，那么，贸然要求孩子回到教室里，只是徒增压力，让他在校园情境中，更加焦虑、不安。

在学习方面，如果孩子的学科能力相对较弱，但学校老师的要求相对较高，很明显，孩子在该学科上的表现，没有办法符合老师的期待。

除非老师降低要求的标准，或是由大人协助，通过补习、爸妈教导或老师特别辅导来教懂，否则孩子在能力上就是达不到，但身旁的大人一味地要求，孩子继续待在教室里，一直陷入"我不会"的状态，只会徒增压力，将导致他不得不选择逃避。

孩子面对分组会焦虑？

"老师，我能不能跟你同一组？"阿旻问老师。

"待会我们玩篮球比赛就要分队了，跟我同一组干吗，当裁判啊？"

"当裁判也不错啊！至少可以决定谁犯规、哪一队罚球，这样也很威风啊！"

"我看你不是真的想当裁判，是想偷懒吧？"老师对于阿旻和他一组的要求不以为意，转身对着全班同学说："同学们，现在开始分组，每一队5个人。"

话刚说完，同学们便开始行动。

有些组别在老师一声令下后，不到5秒钟，很快地就5个人成了一队。

阿旻跑向第一组，问："我跟你们一组好不好？"没有人理他。

阿旻又跑向第二组，问："拜托啦，我和你们一起可不可以？"

小辉翻了个白眼，说："走开，你很吵。谁要跟你同一组！"

炳仁也说："对啊，每次拿到球就乱扔，也不传给别人。"

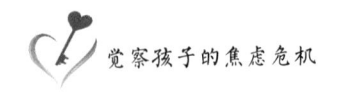

碰了一鼻子灰的阿旻转向第三组，问："我可以跟你们同一组吗？"

"很抱歉，我们在等小玫。"凤萍回他。

不待阿旻开口，第四组的小威立即补上一句："我们这一组已经满了。"

阿旻在教室里不时穿梭，殷殷企盼着有哪一组同学愿意让自己加入。

"老师，我们这一组好了。"

"我们也好了。"

各组的同学此起彼落地回报老师。

"分好组的同学，现在把名单交上来。"

阿旻坐回自己的座位，落寞地低着头。

最讨厌的是，班上明明有26个人，但老师每一次都说是5个人一组，自己总是成了落单的那一个。这也是为什么阿旻一开始就想跟老师同组，因为他早就猜到自己会被冷落在一旁。

老师翻了翻收齐的分组名单，对全班同学说："有谁愿意接受阿旻到你们那一组？"

有的人拼命挥着手说："喔，不要、不要、不要！"有些人则猛摇头，还有些组别闷不吭声。

阿旻趴在桌上，用外套把头盖住，双手在桌子底下用力抠弄着。

"我讨厌分组，我讨厌玩篮球，我讨厌这个班，我讨厌你们，我讨厌、讨厌、讨厌！"喃喃自语的抱怨，只是无力的抗议，依然无法唤回同学们对他的接纳。

何其冷漠啊！

被遗忘在角落的孤寂感，只有阿旻能够深切体会。

陪伴孩子面对焦虑

"自选组别"：残酷的挫败

很是残酷与现实，每回只要一牵扯到分组，特别是当老师让同学们自己选择凑成一队时，有些孩子很容易陷入被拒绝的处境。

当孩子独自面对这样的现实时，很容易一而再、再而三地陷入挫败。

"强迫分组"：细腻的接纳

当我们遇到问题而无所适从时，便会处在很焦虑的状态。因此，"如何学会解决问题"成了很关键的事。

例如分组时，没有人想找自己一组，孩子往往不知道该如何是好。

别再让孩子独自承担受挫感。请伸出援手，给予必要的协助，让他们被接纳。例如采取强迫分组的手段。

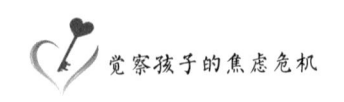

"各位同学注意！现在按照座号，1号到5号，6号到10号……21号到26号一组。"

或许一开始，同学们会有杂音，"老师，我们不想和阿旻同一组。"

这时，老师不需要在公开场合给予同学回应，或在现场立即进行处理，以避免让当事人（阿旻）成为被讨论的焦点，而遭受尴尬与难堪。

在1号至26号之间，我们可以有不同的排列组合。

先给总是落单的孩子机会。在一个组别里，让他有表现的机会。给他一个舞台，让他被看见，就能够累积孩子之后在教室里被接纳的概率与可能性。我相信，当事人会以最佳的姿态与表现，令同学们刮目相看。

别再让孩子落入分组的焦虑，就让我们细腻且细心地从细微处协助开始。

左右为难的焦虑

另外一种焦虑是"左右为难"。

例如："林小玫找我同一组，陈娟娟也找我同一组。小玫和娟娟，两个人都是我的好朋友，但是她们两人不可能在同一组……"也就是说，"干脆三个人同一组"这件事情无法成立。

在这种状况下，到底是选林小玫还是陈娟娟，卡在中间的孩子就会陷入左右为难的境地。

于是孩子可能干脆两个人都不选，两边都不得罪。但是这样的选择，又让人觉得很委屈：明明两人其中的一个会跟自己同一组，自己却选择两个都不要。

有些孩子为了解决这种左右为难的焦虑问题，干脆交由命运的安排，掷筊来判断。到底最后跟谁在一起，就看铜板怎么丢：人像？还是字？随缘决定自己是跟林小玫，还是和陈娟娟。

有的人算盘打得公平些，决定干脆就轮流吧，一次给林小玫，一次给陈娟娟，或是第一、三周选林小玫，第二、四周配陈娟娟。

只是在现实中，如意算盘没办法打得那么顺利。选了林小玫，陈娟娟心里会有疙瘩，不舒服；等到下次要找陈娟娟时，她不见得想要在同一组了。反之亦然。

人性的复杂，就在这里。这当中，也考验着孩子如何去化解人与人之间的两难互动。在还没有找到适当的答案之前，焦虑自然而然就会伴随自己很长一段时间。

主动与被动

有些孩子个性比较主动，一听到分组，就自然而然趋前寻找自己心仪的组员。反之，相对被动的人往往待在原地，等候别人来邀约。

主动与被动的相异，导致不同孩子在社交互动上产生不同的结果。

当孩子主动时，就得承担被拒绝的可能。"我邀约你，你却回绝我"——面对拒绝，牵动了孩子的"挫折忍受力"。

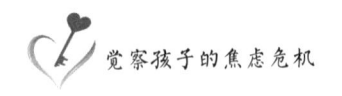

◎ "你拒绝我，没关系，我再找下一个。"

往好的方面来看，不妨把这当成认知功力的锻炼。

"你拒绝我，没关系，我再找下一个。"

对于被拒绝这件事情，学习甘之如饴。对很多事情不强求、不执着，只要努力去找，就可以找到最适合自己的伙伴。

这样的孩子，看待事情会有合理的认知与解释。

◎ "你拒绝我，都是因为我不好。"

相反，若负面思考如茫茫迷雾笼罩脑海，孩子一遭到拒绝，便会怀疑是自己不好、让人讨厌、没有魅力、不够吸引人、个性古怪、能力不足等。

"你拒绝我，都是因为我不好。"

被拒绝一次、两次、三次……渐渐地，心灰意冷，便放弃主动找人的意愿。

孩子杵在原地不动，更难以收到邀约，其他人也容易对其做出负面解读，误认为他高傲、不好相处，或者根本不想跟大家同一组。最后，只有落单。

内在归因与外在归因

内在归因的人，比较会把问题归咎到自己身上，这样的人比较辛苦，也会给自己多余的负担，让自己多承受一些不必要的压力。但是，**内在归因的人比较容易找到问题的症结点，进**

而做些调整与改变。

倾向于外在归因的孩子，相对就比较轻松自在。我找你，你拒绝我，那是我们没有缘分，错失了这个机会，那是你的损失。千错万错都是别人的错，自己哪有什么错，所以外在归因的人容易忽略问题的症结，让被拒绝这件事一而再、再而三地发生。

想法的转换练习

抛出一个例子，让孩子列出正面与负面的想法，以厘清自己如何进行解读，而产生不同的结果。

就以"分组时，没有同学来找我"这个状况为例——

◎ **比较负面的想法**

"你看，都没有人找我。我就知道每个人都很讨厌我，他们连找都不找。我在这个班上是多余的，是隐形的，是边缘人，是不被重视的……"

负面的想法一旦被启动，负能量的燃气罐就像连珠炮似的逐一被引爆开来。

◎ **比较合理的解释**

"我可以多一些选择。我可以自己决定想要去找谁。也许对方不见得接受，那没关系，至少我尝试过了。或许有更适合我的组别。"

让孩子了解，换个方式想，会有不同的解释。**扩充想法，多一些选择，跳出自己的执着，让自己以最好的状态来面对。**

他不是讨厌你，他只是更喜欢别人

看似理所当然的分组，对于孩子却是一种折磨，有如挥不去的沉重负荷。一听到分组，有的孩子便压力爆表，涌现焦虑，深感莫名的茫然：自己没有做错什么事情，但为什么同学们就是不愿意找自己同一组，难道是同学们不喜欢自己吗？这也不尽然。与其说不喜欢自己，倒不如说同学们有更喜欢的人。

在小组里，小团体的凝聚力与默契是勉强不来的。

同学们不一定是讨厌你，只是他们彼此更熟悉。

像这样试着从比较合理的角度来看待，对于被拒绝的结果，也比较能够接受。

孩子书看不完,好焦虑?

有些焦虑的状态很微妙,比如孩子一边为考试复习,一边心想:"书看不完,怎么办?"

孩子不看书,爸妈会焦虑。而发现自己书看不完,则令孩子更焦虑,于是爸妈也跟着焦虑,劝说:"你真的该休息了。"

"我书看不完,明天要考试。"

"现在时间这么晚了,你先睡,明天早一点起来看。"

"不行,我没时间了。你不要在那边吵,越吵,我就越看不完!……"

对有些孩子来说,考试前,书一定得看完。孩子这么认真,当然爸妈也感到暖心。但是请问:这里所谓"看完",指的是什么?

陪伴孩子面对焦虑

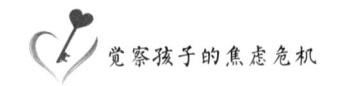

书看不完好焦虑,传达什么"信息"

在此,我们来探讨孩子担心看不完书背后所要传达的信息。

有些孩子是因为没看完书,考试会考不好;考试成绩不好,在班上的排名会退步、对未来升学可能有影响……为此担心又焦虑。

或者是当同学们都在很努力地拼搏时,自己却总是成绩垫底,无形中也会受到影响而在班上陷入低气压的氛围,情绪低落。

有人则是担心考不好,可能会被留校,无止境地罚写、抄写、晚回家;被老师、爸妈无情地数落;或者得通过补课,不断地加强再加强。

我们要引导孩子思考在"书没读完"的担忧背后,令他焦虑的原因到底是什么。

每个人都希望自己的考试成绩理想,这是非常自然的期待。孩子想要考好的这个念头,是可以给予肯定的,但是由此而生的担心是否合情合理,我们必须与孩子共同来讨论。

自我设定的表现，刚刚好就好

我们真的不用要求自己的表现要百分之百的好。我通常给自己设定在百分之八十五的状态，对我来说，百分之八十五刚刚好。

有人可能会问："为何不设定在顶端？不然百分之九十五也好啊。就像爬山，当然是爬得越高越好。"我明白你为什么这么想，我爬过高山，上面的风景还真是迷人。但是，高处不胜寒。

如果以长远来看，当一个人在达到高点的过程中及来到顶端后，对于压力可以自在负荷，那么这样设定就没问题。不过，假如是容易焦虑、患得患失的孩子，那么让孩子设定自我的表现"刚刚好就好"。

以我为例，我的自我设定是百分之八十五，中上程度。设定在这个标准，接下来的目标就是锁定如何维持细水长流，能够保持在百分之八十五。比起百分之九十五，甚至百分之百，百分之八十五比较容易维持，压力相对也少了一些。

没有人规定一定得设定到什么程度，我也不认为设定在百分之八十五、百分之八十，就显得自己目标不足，缺乏挑战性。

不是这样的，**每一个人对于自我目标的设定不尽相同。**

在学校里，许多老师把标准拉到很高；在家里，父母的标准何尝不是如此。但我们应该与孩子共同厘清其现阶段的程度及条件，给自己设定一个合理的范围，或者至少能让自己维持

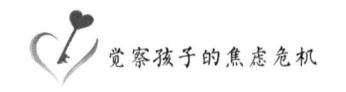

平稳的状态。这并不是退缩到舒适圈内,而是找出合理的设定标准。

我相信这么做,孩子不必要的焦虑将少很多。

细腻觉察,弹性判断

当一个人有"非得如何不可"的想法时,表示他的认知处于一种没有弹性的状态。这就是为什么谈论焦虑时,我不时地强调"调整认知"是非常重要且关键的练习。

一个人的脑袋中如果被太多"应该"占据,就会造成"非得如何不可"的认知,这也是形成心理困扰的主要原因。所以我们**不强迫孩子一定得如何,而是让孩子练习"觉察"与"判断"**。

我们看待事物常常是凭感觉,比较缺乏具体且详细地去记录自己的情绪与感受,体会内心那些抽象的感觉及想法的习惯。这使我们错过许多细微却关键的改变契机,那可能只是一个念头,或者其中的一个字、一句话。

法律用语中有两个字:"应"和"得"。这两个字的意义截然不同,其实也适用于练习觉察与判断。

"应"就是"非得如何不可"。

"得"则是可有可无、可做可不做。让自己有一个弹性的空间,我们可以选择做,也可以选择不做,或者选择做到怎样的程度,根据自己的能力、心思、时间、体力、脑力、拥有的资源等,有各种不同的排列组合。

总是认为自己"应该"如何的人，自我要求比较高。但如果给自己设定在"得"，相对来讲就比较有弹性。

要从容面对焦虑，"给自己充分的弹性"是非常重要的。

平常就做好设定，脱离考试书堆，脱离焦虑

孩子在准备考试，但一边读书，心里一边焦虑起来。这时，要怎么舒缓焦虑？

可以先合上书本，离开书桌，通过转移的方式，让注意力先从准备考试这件事中脱离，做做别的事情，缓解一些焦虑的情绪及生理反应。

脱离多久的时间呢？平时就可以先做好设定，例如5分钟、10分钟。要注意的是，有时脱离时间太久，反而会令孩子更焦虑，担心没有充足的时间准备考试，反而又会形成另外一种焦虑的来源。

这也是为什么**在日常生活中，我们就需要和孩子进行一些设定，当状况发生的时候，只要把这些设定套入公式，孩子便可以很快地进入状态。**

我常常讲：演练、演练、演练。我们必须不断演练，孩子才能够更轻易地面对与应付眼前的状况。

以合理的数字，取代习惯性担忧

若孩子总是习惯用比较负面的想法暗示自己"我书都读不

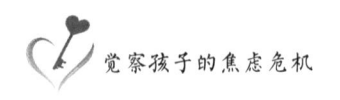

完"，可以协助孩子列出一些比较合理的念头。例如：

◎ 我已经连续看了"3个小时"数学。
◎ 我已经把"第三单元到第五单元"练习过了。
◎ 我已经练习写过"2遍"题型了。
◎ 上次数学小考，我的平均分数落在"80～95分"区间。

运用具体的数字，引导孩子以合理的方式看待自己。同时详细地列出自己该科的过往成绩，更能有助于了解自己。

关键在于考试时，能够"顺利提取"

考前复习时，看书是为了考试，所以在此暂不讨论做学问这件事。

我们都希望在考试作答的过程中，顺利提取自己在这段时间所学习的知识内容。因此，如何认定所谓"看完书"？

其实与其说看完，关键应在于"如何顺利提取"。

找出读书效率最佳的时段

每个孩子都需要了解，在一天的二十四小时当中，扣除睡眠，每个人、每天，在不同时间的精神、思绪、体力与情绪状态都不尽相同。孩子要**找出自己在什么时间、什么时段或用什**

么方法，读书的效率最高，而不是像苦行僧一样，从头到尾花了过长的时间静坐在书桌前，用力啃书。

这样的背影确实令许多父母觉得很骄傲、很欣慰，眼见孩子如此认真，几乎要落泪。但是对于考试的成效来讲，并非是好事。毕竟长时间坐在书桌前，缺乏适度运动，对孩子的专注力、情绪舒缓及身体负荷等，都是耗损，反而容易降低学习成效。

有些孩子会做自我设定，比如每本课本都必须从第一页开始看到要考完的那一页，甚至每一字、每一句都读得很仔细。其实，重点不在于看多快、多细，而是要练习能在考试时，对应题目，将看过的内容输出、写下来。

因此，我们得先**打破"看完"的说法，请先回头思考：现在做这件事情的目的是什么**。

如果是为了应付考试，那这时要练习的就是如何有效提取。与其长时间输入（记忆），不如练习"输出"（提取）。

抓重点准备

看一本书，是否一定要从头到尾看完呢？并不是如此。若是读小说，跳过了一些章节、段落，可能会忽略重要的情节与线索。但是看的并非小说时，就要试着先了解自己阅读这本书，真正想要达到的目的是什么。

一本书中百分之八十的重点，就在百分之二十的内容里，通过八十／二十法则可以了解，很多事情，我们只需要"抓住

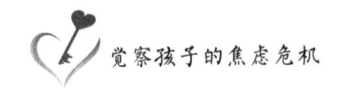

重点"。

比如说，当孩子因准备考试而产生读书焦虑时，可以运用前面的方法，引导孩子慢慢跳脱绑死的自我设定所形成的有形、无形压力。并不是说看书时跳行或漏字，而是只要能很清楚地掌握内容的"重点"，有时不一定非得逐字或逐句看过。

重要的是能"顺利提取"，并非只有纯粹记忆。

先找出目的，再针对不同目的，进行不同重点的输入（记忆）与输出（提取），会比较清楚自己的准备哪些是有作用的。

打破既定的刻板印象，才能以比较合理的方式看事情，避免无谓的焦虑干扰日常生活。

在日常生活中，练习"输入"与"输出"

我时常告诉孩子，不管我看了多少电影、戏剧、绘本、小说等，看完之后，我一定要把心得说出来或写出来。无论说了多少或写了多长，只要有"输出"，这些"输入"就对我产生作用。

我们不断提醒自己和孩子要多看书、多接触人事物，这些都是"输入"。然而，如果只有不断输入，却没给自己任何机会进行输出，那么所看的、接触的一切都是枉然，那些输入也就产生不了太多意义。

在教学上也是如此。我常在演讲时跟老师分享，在课堂上，不要只是我们不断在讲，要孩子记下来或背下来，而是要提供一些机会让孩子试着开口说话、开口回答或开口提问。

无论是说还是写，任何形式都可以是"输出"的方式。

过去，输出对我而言是一种压力，我常在暗示自己可能写不出来或讲不出来。但是现在，我不时提醒自己转个念头、换个方式想，把输出看成一种非常愉悦的事，让自己每天都想要说出来、写出来，渐渐地，思考、表达与书写的手感都更加顺畅。输出不但成了我的好习惯，也成为一项好的生产方式。

当我们对输出越来越习惯并熟练，表现也会越来越利落。日常生活中的"输入"机会无处不在，不但与我们有密切关联，也可能激发出我们更多的创作灵感——这就是"输出"。

有机会，多和孩子分享这样的概念，并且自己也不断地练习输出吧。这是我的一些想法，与你分享。

焦虑行为只是一种表象,就像信号一样在告诉我们:孩子现在出状况了!孩子现在需要协助!不要只看到行为表象,而忽略了在这表象底下,孩子要传达给我们的信息。

孩子遇到考试就焦虑？

之一

芯宁在床上瞪大了眼睛，翻来覆去睡不着，不时拉起棉被盖住整张脸。没多久，又掀开棉被，向左侧身，试着闭上眼睛。但是不到10秒钟，她又把棉被拉起来，转成侧身往右边，盖上棉被。

就这样反反复复地左边、右边、拉起棉被、盖上棉被、眼睛睁开、眼睛闭上……好累啊，真的好累了，芯宁真的好想睡觉，但是，睡神就是不来找自己。

睡神不知跑到哪里去了。眼看着手机上的时间已经到了凌晨两点四十五分，这个时间还没睡着，对于身体的消耗、肝功能的耗损是很大的。

但她有什么办法？明知清晨六点就得起床，迎面而来的又是一整天。一张考卷又一张考卷反反复复地写，身为学生的他们，不断在验收自己的脑袋里有没有装东西。

芯宁真的好想好想睡啊！但脑袋瓜却持续在胡乱快转，令她焦虑到无法入眠。

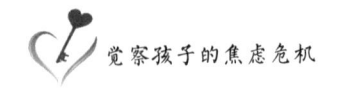

为何考前的日子，总是如此难熬？

之二

明德的手上都是汗，伴着水性原子笔，整张考卷上面的字迹都糊掉了，手指头也沾满蓝色的原子笔痕迹。他不时用手帕擦着手汗，但没有任何止住汗水的迹象，额头上的汗水也像凑热闹般，不时滴下。

明德突然感到胸口一阵郁闷，脑袋一片空白。自己每一回都花了许多时间和心力准备考试，但不知道为何，只要一开始写考卷，就心跳加速，呼吸急促，思绪中断，心情烦躁而无法冷静。

他明显感受到教室里的时钟在一秒一秒，嘀嘀嗒嗒地走着。时间的压迫感，令他觉得好难熬。手汗越来越不听话，湿透了整张考卷，桌面上的手帕像是从池塘里捞上来的，早都湿透了。

他有备而来，换上另一条手帕，但是手汗依然不听使唤，像恶作剧般不断地流。

"怎么办？怎么办？怎么办？"明德在心里自问，"到底该怎么办？为什么会这样呢？"但他也明白在这个考试的节骨眼上，绝对不是思考这个问题的最佳时机。

监考老师发现了明德的异样，狐疑地走过来，瞧了瞧桌面上这张泛着蓝色墨水、糊掉的考卷。

不等老师开口，明德的胸口越来越郁闷。

陪伴孩子面对焦虑

考试前，在脑海中"模拟演练"

引导孩子将整场考试用"想"的方式进行情景模拟，试着在脑海中把应考过程演练一遍，例如：

想象自己在考场里，坐在座位上，开始翻阅考卷，逐一阅读题目。手中有握笔的感觉，可以感受到自己一字一字、一句一句地写着考卷，甚至看到考卷上面已经有了答案。

同时，想象坐在考场里的自己，应考心情非常平静，脸部表情、身体肌肉是非常放松的，呼吸非常平稳。

我们需要比较正能量的想象，让自己顺利进入更佳的状态，而不是处在一种自己吓自己的模式。

有时候，有些事情如果很清楚地按照既定节奏在进行，我们一定会自在许多。

如同原本在道上赶路，当发现一路顺畅，与地图导航的行车时间一模一样时，焦虑便缓和不少。相反，若是遇上壅塞路段，又不晓得眼前的塞车什么时候才能化解，这时，焦虑感将明显上升。

面对焦虑，有一个关键的问题是：我们是否可以掌握及控

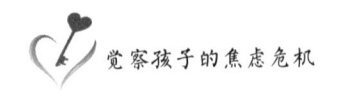

制自己的焦虑情绪，让自己的想法、情绪、行为按照所设定的目标而行。这是需要练习的。

如此一来，虽然我们无法决定焦虑情绪什么时候会出现、以什么面貌出现，但至少当焦虑出现时，我们可以从容地在合理范围内做好应对。

设定属于自己的简单考前仪式

在考前，需要给自己设定一项简单的仪式，这有助于带来安心的感觉。

最好的方式就是"屏蔽"闲杂人的刺激声音。请提醒自己，你花了很长一段时间，针对这次的考试已经有充分准备。别让杂音乱了阵脚，让自己的思绪更加混乱。

每个人的仪式不尽相同，只要有助于自己安心都可以。比如闭目养神，让自己试着稍微优哉一下，缓和一下心情，一定会有漂亮的考试成绩。又如：

想象在棒球场上，自己站在击球区，好整以暇地等待投手投球。你对于投手的球路非常清楚，可以想象你的球棒击中球的那一刹那，发出的那一声"铿"，清脆悦耳。

你很清楚，那会是内野安打，或者外野安打，也可能是二垒安打。你知道只要自己挥棒时的力道再强一点，就是一支全垒打了。

你感受到球被击打出去了，你在跑垒。对于自己的击打功力，你胸有成竹。

进行这段想象的目的不是欺骗自己，**主要在于安定心情，让焦虑维持在适度范围内。**为了这场考试，自己做了好多努力，很确定该做的准备都做了。提醒自己：我们能够掌控的事情越多，焦虑就越能在我们的掌控之内。

阻挡杂音

考前 10 分钟，如果很有自信已把最后的复习做完了，可以把书本合起来，让自己静静地沉淀下来。有需要时，可以在脑海里自问自答。不再去跟同学讨论考试，虽然可能觉得讨论后说不定可以多得几分，但这时很容易自乱阵脚。

考试，其实是一场又一场认知提取的测试。在考试过程中，要避免焦虑成为障碍。让自己维持平稳的情绪，使焦虑维持在适度的状态，保持更有质量的专注力与清晰思绪。

等整场考试都结束后，再核对答案最好

考完试之后，先不要检查答案，不要核对答案，也不要和同学讨论刚才作答的结果，以避免造成自己的情绪波动。

在两段考试之间的空当核对答案，只会更在乎刚才的结果，反而对接下来的考试造成负面影响。等整场考试结束后，想要大致掌握自己的作答情况，再与同学讨论、核对答案会比较适切。

我自己在求学过程中，曾经因为这么做，而使得接下来的

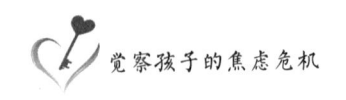

考试受到明显影响。有了这样不好的经历，从那次以后，每当考完一科，我都尽量离开教室，离开班上的同学，到校园的某些角落好好准备下一堂考试。周围少了班上的同学，自己当下的思绪比较容易不受干扰。

有时候，过度的讨论反而会使心情更混乱。再说，都已经考完了，核对答案的意义也不大，毕竟考试已经结束了，对错的结果也定了。

考完了，尽人事也听天命

让孩子练习，在考完试之后，合上课本、讲义与资料，先不去计算考试结果，因为毕竟都考完了，最后的成绩已成定局。

先从考试的状态中脱离，毕竟自己努力过了。先给自己一段缓冲时间休息，转移注意力去做别的事情。

持续处在一种紧绷的状态中，或是一直关注考试结果，只会增加焦虑。时间拖得越久，暴露于长时间的焦虑状态下，耗能的情况越严重，整个人的精神状态也会更加无力。

就等成绩出来再说了。至于成绩出来之后，几家欢乐几家愁，每个孩子对自己的期待不尽相同，这当中也包括父母及老师如何看待孩子的成绩。

我真的诚心建议**身为大人的我们要"合理看待"孩子的表现，只有这样，孩子才有机会以合理的方式看自己。**

努力了，接下来成绩如何，就真的是尽人事听天命。**我们大人怎么看待，就决定孩子怎么看待。**

孩子被怀疑作弊，引发焦虑？

"小喻，你在干吗？现在在考试，你转头干吗？你在看什么？"老师突然点名小喻问话。

"我、我、我……"小喻一时紧张得说不出话来。

"难道你不知道考试规则吗？考试不能作弊，这一点还要我提醒你吗？"

"我、我、我……"小喻想要解释，但是被老师犀利的眼神吓得语无伦次。

她一点都没有想要作弊的念头啊。为什么老师就这么断然地认定她要作弊？

是因为椅子被踢了一下，原本专心看题目的小喻本能地转过头。

坐在她后面的小兰继续在写考卷，一副事不关己的模样。或许小兰真的只是无心地动了一下，不小心碰到她的椅子。

小喻只是因为座椅的动静而转身，想都没想过考试作弊这件事。监考老师的反应令她耿耿于怀。就算能够开口顺畅地向老师解释，她心里的疙瘩也不是那一两句话就马上可以化解的。

她很清楚，自己对某些字眼非常敏感，例如"作弊"，就

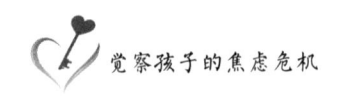

像有的人对坚果食物过敏一样。因为她明白得很，她是绝对、绝对、绝对不会违反自己的良心，绝对、绝对、绝对不会违反这些校规与道德上的要求。

考试的规矩，她当然很清楚。

监考老师给了严正警告之后，教室里又恢复宁静。然而看着考卷，她发现那些题目似乎开始飘浮上来，每个字都像是在跳动、扭曲着，使她很难专心作答。

到底怎么了？小喻紧握着笔，不时地用力点着试卷，点到考卷被戳了些破洞。

自己的专注力停摆了，而且她觉得全班同学的目光似乎都集中在自己的背上，令她背脊发凉。

心中不时浮现出同学们的指指点点：

"竟然敢作弊？"

"想偷看？"

"这个偷分数的贼！"

这些画面使得小喻盯着眼前的考卷，迟迟无法下笔……

回想起以前，她曾经在考试时，因为不小心把橡皮擦掉落在地上，低着头准备捡起来，却被监考老师认为她是要作弊。

自此以后，"作弊"这两个字就如同恶魔附身一样，烙印到自己的脑海中。只要一点点刺激，"作弊"这个词就会跳出她的思绪，勾动着她的不安。

小喻明明很确定地知道这不是自己会做的事，然而，她却感觉得到"作弊"一词隐隐在烧灼着自己的心。为什么会如此呢？

接连的状况也随之而来。不只"作弊"这两个字，只要出现类似的字眼，比如抄袭、造假、不实、偷窥、复制、贴上……都很容易揪着小喻的心，使她中断当下该做的事。

孩子因为被怀疑作弊而深感焦虑，怎么办？

陪伴孩子面对焦虑

孩子不说，不表示没事

我们不能期待孩子遇到问题时，自己主动开口说出来。毕竟每个孩子过往的经历不尽相同，有些孩子在成长过程中，可能没有任何机会把自己的想法，找到适合的人、适合的场合或适合的时间，脱口而出。也有可能，孩子身旁的父母、老师对于"焦虑"这个议题很少相互讨论。

因此，我们不能认为孩子不管遇到什么状况都能够侃侃而谈，让我们知道。

我总是强调：**父母、老师在陪伴孩子的过程中，都要非常细腻地去了解孩子。**有时孩子一个眼神的不对劲，肢体僵硬了，嘴角下垂了，笑容逐渐消失了……这些都是我们观察与留意的指标，好让我们判断眼前的孩子是否遇到了状况，自己无法跳脱或解决。

比较可惜的是我们并没有觉察到，而错过了协助的时间点。

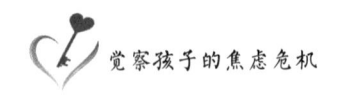

让孩子适时地进行情绪泄洪

听听孩子对于过往被怀疑、被误解的负面经历。在他心怀信任感,以及较为放松、自在的情境下,把过去积压在心里的负面情绪,适度舒缓、倾泻出来,这有助于适时缓和孩子的压力。

在这个过程中,不急着马上告诉孩子道理,也不要批判他的想法。先聆听,听听孩子愿意诉说多少他内心里的焦虑与对这件事情的看法。或许,孩子的想法与现实之间有很大的落差,但先不急着马上要求孩子调整他的想法。

再次强调:不要只是告诉孩子"你想太多了"。

跟孩子有生命经历的交集

和孩子分享自己生命中类似的被质疑、被误解的经历,也让孩子了解,其实他的担心、顾虑,也不纯然仅发生在他自己身上。

让孩子了解自己并不孤单,在他的身旁也有拥有类似经历的人,曾经或正经历着这样的焦灼及痛苦。

发现原来不只自己有这样的感受,孩子会放松许多。

大人先有"承认焦虑"的勇气

我们的焦虑强度是否太高?高到自己无法应对与调适,而造成生活、学习、人际、工作或感情上的困扰?

接纳自己的焦虑情绪，我们就有机会以比较合理的方式来对待。越是自然而然地看待焦虑，就越容易面对，也比较容易进行后续缓和焦虑的练习。

看了前面这段文字，你可能会开始焦虑。"心理师，不会吧！你要我跟孩子承认我也是容易焦虑的人，那么我在孩子面前还有面子吗？孩子还会认为爸妈可以帮助他吗？爸妈连自己都顾不了了，还可以帮助他吗？"

我真的必须讲，你这么想就错了。

事实上，无论对于大人还是孩子，焦虑都是存在的。差别只在于大人与孩子的焦虑来源、压力事件不尽相同，但是，焦虑所带来的整个影响及处理方式，其实是相似的。

让孩子知道大人有焦虑的困扰，不是羞耻的、见不得人的。

当孩子发现大人可以，也愿意敞开来谈自己内在的焦虑，也是在告诉孩子，在这个家里、这个班上，"情绪"是可以讨论的，更是必须去了解的。

留意孩子焦虑的扩散

有些孩子很在乎别人对自己的看法、印象，以及别人对他行为动机的解读。有些孩子非常不喜欢被误会，不喜欢被人莫名地质疑或批评。

面对孩子的焦虑，例如对于特定字眼、特定事件的焦虑，若我们没有在第一时间适时处理，很容易让孩子的焦虑从这些关键词（例如作弊）开始，逐渐扩散，紧接着就会越来越放大

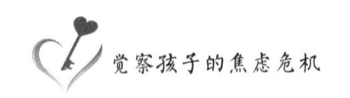

焦虑范围，防守圈越来越大，内野、左外野、右外野、中外野……一个人疲于奔命。

孩子需要在第一时间，适时地按下暂停键，让焦虑暂时停止，以免扩散。我们可以先聚焦在特定的范围，例如先把"作弊"这个词当作处理的对象，再逐渐化解孩子对于这些字眼的不适当联结。

一朝被蛇咬，十年怕井绳

如何让孩子不至于以灾难性的想法看待事情？

当孩子没有办法像开关一样切换思考时，就需要学习以比较合理的解释方式来替代，移除明显而强烈的具有毁灭性、破坏性与灾难性的想法。

让孩子了解要"合理地思考"灾难到底存不存在。或许有些孩子是一朝被蛇咬，十年怕井绳，一旦暴露在类似的情境中，焦虑情绪很容易被再度唤起。

试着引导孩子重新改变自己与这些字眼之间的联结，关键在于"孩子的想法"，比如他如何认定与解释自己与这些字眼（例如作弊、造假、抄袭、不实）之间的关系，针对这一点，化解这些实际上并不存在的联结。

引导孩子编写关于焦虑的脚本

我们需要清楚觉察自己内心小剧场的合理性，以及是否太容易编写自己的剧本，让演员过度紧张而疲于奔命。

每个人都可以试着当编剧，都可以试着编写自己的焦虑脚本，包括：剧情要怎么写，主角是谁，以及时间、地点、人物心理的转折、情绪的描绘、事情的转变、主角如何思考，他的想法、他的对白、说出来的话等。

还有，焦虑的产生，要在哪个情节点出现？如何让焦虑来到一个高点，接着男主角、女主角又会如何面对？配角也许是爸妈、老师、同学，也许是网友，又是如何扮演的？

让孩子试着写一篇有关焦虑的短文、故事或一段剧情，依照自己的切身经历或是虚构都可以。这么做是让孩子试着思考，面对抽象的焦虑，自己在脑海里或实际遭遇时，可以如何应对。

有了想象的画面、一部脚本的架构，就可以很清楚、仔细地拿捏如何从中改变剧情。抽出其中一篇作为模板，接着让孩子去改变当中的对白。

对白反映的是一个人的想法。这个想法要怎么解读？剧情要怎么演变？最后是要让男主角、女主角有个幸福的结局？还是以悲剧结束？

当孩子对于焦虑的剧情有了非常具体的画面，就像电影、偶像剧的剧情一样，便能逐渐掌握当中的细微变化，使焦虑不再只是一个模糊的概念。

孩子有上台焦虑？

"第三组准备上台。第四组同学，预备。"

听见老师这么宣布，坐在底下的哲文猛咽起口水，双手搓弄着，脑中一片空白。

讲台上，第三组的凤英台风稳健地进行报告。她的声音清脆悦耳，报告内容非常流畅，说话字正腔圆，语调铿锵有力，的确是演说高手。

哲文听见自己怦怦的心跳声，"怎么办？待会儿我愣在现场怎么办？底下有几十双眼睛都在看着我，到时候，如果我词穷讲不出来，那不是完蛋了？同学们会怎么笑我？怎么看我？"

尽管为了这回上台报告，哲文花了好几个晚上认真做准备，甚至还对着镜子一次又一次地练习。但他就是不争气，就像过去，他总是在上台前的节骨眼上，焦虑不已。

"不行、不行、不行，我要自信一点。我得告诉自己：我可以！更何况，我都准备这么久了。凤英做得到，我一定也做得到。"

哲文紧紧握拳，在心里替自己加油、打气。

凤英的报告进入尾声，掌声热烈响起，持续了十几秒钟。

"第四组准备上台。"

瞬间,哲文的脑袋竟然一片空白。

"第四组准备上台。第四组……"

"哲文,轮到你上去了,赶快上去啊!"阿雄催促他。

哲文却愣住了,僵在自己的座位上,突然间变得动弹不得。

"哲文,你还坐在那里干吗?"

"王哲文……"老师的声音在耳畔回荡,哲文的眼前一片漆黑。

陪伴孩子面对焦虑

辨识失控的灾难性想法

对于上台,孩子焦虑地出现灾难性想法,例如:

"我担心在现场说不出话来。"

"底下的人会认为'我听你在放屁,听你在乱讲'。"

"你真是错误百出,我看你根本没有准备。"

"拜托,这种音量谁听得到?"

"讲话好没有吸引力!"

"语调怎么那么单调?"

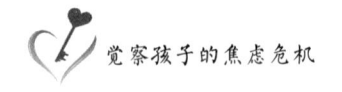

"台风好差!"

我们在想法上会出现许多负面自我暗示,总认为自己会出现很多失误,这些失误的想法,又会带来很多灾难性的想法,比如:

"我就知道,同学们发现我上台出糗,一定会在底下笑成一团,认为我是一个很糟糕的人。一定有人会说这样也敢上台报告。我会成为大家的笑柄,在班上、在LINE群组里、在脸书上,同学会到处疯传。不只是班上和学校,整个社区的人、整个网络上的人,都知道我是一个上台报告很差劲的人,怎么办?"

"大家知道我是这种等级,以后会怎么看我?以后我在选择学校、面试的时候,连主考官、口试委员都会知道我是一个不会讲话、口条很差的人,那我根本找不到工作,我的一生就毁了……"

你有没有发现,这样的灾难性想法已经失控了,足以让自己崩溃,把自己吓得粉身碎骨。

当孩子想到这里,事实上,思绪已经完全停摆了,甚至于脑袋一片空白。在台上,喉咙被整个锁紧,声音沙哑,甚至发不出声音来。双腿发抖,握着麦克风的手也在不时颤抖。身体会开始冒冷汗,可能会出现手汗,甚至不知道自己的眼睛该往哪边看。不时地拨弄头发、拔头发,不时地抓脸、抠手。不时地抓衣角、咬衣领，衣服被扯得乱七八糟，还不时地将拉链拉上拉下。

孩子的认知、行为、生理反应等，都在不断地暗示自己：我现在焦虑了，焦虑到慌乱了。

上台前准备之一：先在脑海里演练上台的画面

要帮助孩子让上台时的自己感到轻松、自在，可以引导他在脑海里先把上台的画面演练一次。

想象中的情景是自己在舞台上能够自由自在地表现，而非担心会如何出糗，僵在现场。

以我来说，我会不断演练，酝酿想象的画面，这有助于我更好地掌控现场的状态。

我会看到自己生动地在舞台上走动。我手里拿着麦克风、简报器。我注视着台下某个人的眼神，他对着我微笑，我对着他微笑。我知道，我会向左边走几步、往右边走几步，再转个身点开下一张简报，继续露出微笑。

事先在脑海里不时"播放"上台的想象画面，这是一种加深自己掌控当下情境的能力。

很重要的是，提醒孩子在他脑内的排演内容，绝对不要吓自己，就以熟悉的画面呈现。多演练几次，我相信，孩子一定可以有精湛的演出。

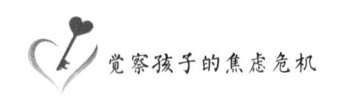

上台前准备之二：实际排演，预防自乱阵脚

为了降低焦虑，可以引导孩子事先准备好要讲的内容，让自己在比较从容的情况下，优雅登台。

通过实际演练，以有效应对上了台之后，不知道该如何是好的尴尬，或是面临突发状况而感到措手不及的慌乱。

这些演练就如同排演一样，一次一次的排演，让孩子更加熟练，当真正上了台时，面对眼前的情况，可以很从容、优雅地达到自我设定的表现。

上台前准备之三：要说的内容，在脑海里反复播放

在报告之前，先把要讲的话在脑海里预备好，反复播放，并且告诉自己，当时间到了，这些内容自然而然就会非常规律地，像通过输送带传送出去一样，也就是到了什么时间，就会讲什么话。

在说的过程中，适时地停顿。适时露出微笑，让脸部表情、肌肉适度放松。紧绷的表情和僵硬的身体，绝对不会加分。

建议这么鼓励孩子：

"不要忘了，你准备好久了，准备得很充分了。记得该给自己正向的鼓励、肯定和回馈，不需要再吓自己，没有必要对

自己那么严厉。"

上台时重点之一：聚焦于台下的"友善眼神"

站在台上时，在即将演讲前，我会用最快的速度扫视一下台下的听众，寻找那一双对我来讲最温和、善意、亲切而专注的眼睛。你可以感受到这一双眼睛是让你觉得最舒服、最安心、最能够接纳你的。

可以建议孩子，上台之后先把视线放在比较熟悉的同学身上。在班上一定有几个人让自己看着看着，自然就会心情愉悦，露出微笑。

没有必要把注意力过度聚焦在底下说话尖酸刻薄，只会挑剔、批评，不会讲好话的同学身上。

上台报告，是要讲给班上大多数同学听，甚至于只是讲给老师听。因此，少数不友善的听众不是我们设定的目标，他们不重要。

请这样告诉自己：我不可能去迎合所有人，但是我需要讨好自己。

我们可以试着和孩子讨论，在班上的同学之中，他认为身旁有哪些人是比较友善的。让孩子先从自己比较容易注视的同学开始练习，再逐渐增加注视的时间。

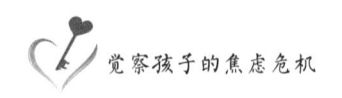

上台时重点之二：手里拿东西以转移注意力，稳定情绪

为了让自己在台上更优雅、自在，建议手里能够拿着东西，无论是简报器、麦克风、一支笔还是一张纸都可以。

如果手里没有东西，可以让手指紧紧地贴在一起，比如大拇指跟食指。这样注意力会暂时转移到手指上。这时，焦虑会缓和一些，有助于稳定情绪。

别把上台视为作战

紧张、慌乱，容易使身体长期处于备战状态。

我们可以想象，处在这种备战状态下，如同不时遭遇攻击，发现四面八方、前后左右，都有许多对自己产生威胁的事物。在自我保护的前提下，我们会疲于奔命而耗尽所有力气。

时常处在警觉中，整个人绷紧了神经。身体的耗能将使我们感到越来越疲倦。

上台不是作战，而是我们许多的生活经历之一。这一次是上台报告，下一回可能是其他状况。引导孩子调整步伐，以比较优雅、自在、从容与轻松的方式，面对生活中的事物。

心理和实际都要"充分准备"

生活里存在着许多的挑战、困难，有许多复杂的事情等待我们面对。也因为这些情况的高难度，才需要我们逐一进行拆解，让我们能够更有效地应对眼前的状况，而不至于乱了阵脚。

哪些事情呢？例如，一定得上台报告。

上台是我们躲不掉的，虽然很想逃避，但是非上台不可。

既然无法逃避，我们就要回到自己：该如何准备？如何面对？

这里所说的"准备"包括两部分：一是在**心理上**，如何调整自己的想法，用比较合理的方式来思考。二是在**实际上**，自己对于上台做了多少准备。

这样的准备有助于自己上台时具备更多的应变能力，当有状况发生时，就能够比较从容有效地面对及应付。

对于焦虑的控制，重点之一在于有些事情是我们可以掌握的，例如掌握上台要讲的内容、每一场报告要做的 PPT 数量、讲每一张 PPT 内容要花的时间等，甚至可以掌握底下听众的一些反应。能够充分掌握控制的范围，多一些自己能掌握的事情，情绪就会比较平稳。

有些孩子一开始很抗拒上台，但是练习做好充分的准备，到后来变得非常喜欢上台，因为孩子感受到上台就像一场游戏，一个展现自我的机会，因而非常乐于从事这样的活动。

孩子有转学焦虑？

"都是你！干吗叫我转学，害我的好朋友都不在身边。你们知不知道跟好朋友分离，是多么痛苦的事情？还有，这是什么破学校，没有人理我，害我坐在教室里像人形立牌，把我当成塑料。我没有生命吗？从我面前走过，却无视我的存在。"育平向妈妈抱怨着。

"没办法，爸爸换了新工作，我们得离开原来住的地方，搬到新地区。转学这件事，真的是不得已啊！"

"不得已，不得已，不得已……你们就只顾自己，都没有考虑到我。我好不容易在原来的班上和几个同学熟悉了，现在呢？一、个、都、没、有！"

眼看一下课，有些同学就奔往篮球场打球，其他同学三三两两地笑成一团，有些人则是在讨论课业。而自己呢？就像一具没有灵魂的躯壳，无论在教室走廊上还是自己的座位上，都只能沉默地待着，痴痴地等候这班新同学中有人多注意自己几眼。有时他看着某位同学，结果对方转过头发现了，脸上一副"看什么看！我跟你又不熟"的表情。

而最让育平痛苦难耐的事，就是分组。

"每次遇到要分组,就让我超级难堪!"育平继续向妈妈一吐怨气。

尤其是听到老师说"同学们,现在四个人一组,班长在下课时把名单交给我"时,他都只能抱着期待,左顾右盼,但同学们的视线永远不会落在自己身上。他在教室里如坐针毡,凝结的空气令人感到窒息。

难道自己就像瑕疵品一样,等着被退货吗?人家连看都不看,他是一件完全上不了台面的商品,连运送都无法运送,最后就只能堆积在仓库里,与班上那一两个同样也被退货的同学——班上最弱的、最被瞧不起的——同病相怜的他们,同一组。

陪伴孩子面对焦虑

"为什么转学?"
老师主动协助分享,让孩子更自在

每个孩子转学的原因不尽相同,有些是因搬家而转换新环境或者不适应原来的学校,等等。

对于班上的转学生,总是会有一些同学非常好奇地询问原因,或是狐疑地想:他为什么转学?是否有不可告人的秘密?

而从转学生的角度看,如果只是因为搬家、父母的工作调

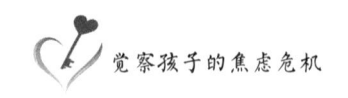

整等很简单的情况转学，一切就相当单纯。然而，如果是牵扯到自己在原学校的适应问题，或与老师、同学之间的关系影响，或是面临校园霸凌等相关敏感议题，而被迫离开原校，那么他不一定会想把内心的想法或生命故事等，告诉周围这群陌生的同学。

对于转学生来说，该如何跟本班同学解释自己为什么要转来这所学校，以及跟谁说、如何说、什么时候说，等等，处处都得注意。

老师如果愿意主动协助，让全班同学有机会一起了解、分享各自曾经有的搬家、转学经历，不但能使新同学逐渐感受到原来不只自己有这样的经历，彼此的经历分享也有助于同学之间感受上的调适、接纳及了解。

老师也可以先搜集班上同学的提问，让转学生能针对同学的好奇疑问，事先有所准备，逐一整理，并在适当的时机做回应。

"如何融入新团体？"
老师细腻安排，不让转学生独自吹冷风

同学之间的互动是现实的，不会因为一个转学生突然加入而有多少改变，就像地球不会因为任何原因停止转动。

的确，有的同学对转学生会表露出想关心、想了解的愿望，但也有些同学会继续维持自己的活动。

面对新环境已经很不安了，同学的冷漠又是另一股让转学生感到冷飕飕、不舒服的氛围。要融入既有的团体，难度不小。

面对转学生，有些老师自然而然启动了细心、细腻与体

贴，优先选择班上两到三位比较热心的同学协助转学生，以便让新同学可以比较快地融入原来的班级，生活上轨道，以找回规律的日常与上课作息。

有了固定的同学在身旁，孩子心里面会相对踏实许多，而不用没日没夜地担心：明天我要跟谁说话？我该如何说话？如果人家不理我，又该如何是好？在班上有几位同学主动接纳，有助于新同学快速融入并适应新环境。

正负想法的翻转

"我是转学生，同学们彼此已经认识了，大家不会接受我。我根本不可能打入他们的小圈圈里，他们不会想要了解我。我在这个新的班级里，只会变成边缘人，只会被排挤。分组只会被分到一些捡剩的人，像资源班的、成绩不好的、上学总是迟到的、隔代教养的，跟这些人混为一组……"

当孩子这样想时，很明显是处在负面思考中。现在立即要做的是改变负面念头，让孩子练习用一种合理的角度来思考。

这个练习需要一次又一次的自我强化。

在思考的过程中，有两套不同的系统。一种来自比较负面的解读，我们会给自己套上各种灾难性的想法与可怕的后果——每一个想法、每一种后果都逐渐往自己身上套，塞入脑海，这是令人疲惫又焦虑的，触目所及都是对自己不利的情况，用白话来讲就是我们不时在吓自己，让自己更加裹足不

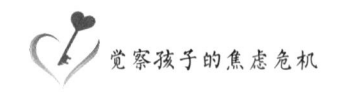

前，陷入更糟糕的状态。

所以关键在于转换孩子的思考角度，引领他试着以比较合理的想法来看事情，至少让孩子了解**对于同一件事，可能有两种，甚至三种不同的解释**。当想法一启动，我们有可能做出负面解释，但是也可以选择从正面来看，例如：

"我是转学生，我从不同的环境来，也许同学会好奇我为什么转过来，这正好可以带来新的话题，让我有机会跟他们分享在不同的校园及班级里和不同的老师、同学相处的差别，以及共同点。这可以满足他们的好奇心。

"同时，不但提升了我与新同学互动的能力，也增加了我应对新的人、事、物的经验，日后可以更熟练地面对各种人、事、物。"

小圈圈是一种归属感

每一个孩子对于新环境的调适能力不尽相同，需要调适的重点也有差别。有的孩子可能需要适应整所新学校、整个外在环境，以及与之前不同的学校氛围；有些孩子则需要花时间去熟悉不同的老师及同学。

转学生面临的最大挑战之一就是如何融入新班级里同学之间的凝聚气氛。

在学校里，一、二年级的孩子如果能够玩到一起，通常就是朋友，也比较容易接纳彼此。但是孩子从中、高年级开始，逐渐强调"归属感",小圈圈的形成开始明显。而转学生要打进不同的小圈圈,难度相对来得高些。

在此先排除可能出现的刻意排挤或霸凌。

老师或许可以思考,**协助转学生与班上同学组成新的小圈圈,例如接纳他、对他有好奇心,或者彼此感兴趣、有话题、频道相近的同学组合在一起。**

与其说是小圈圈,其实是班上有一群同学可以彼此产生共鸣,互相交流,愿意敞开心胸与想法,让彼此有共同经历的分享。

不是要刻意分群分派,而是到了中、高年级,进一步寻求亲密的凝聚力、归属感,是这个阶段的孩子较为明显的社交需求。

请聆听孩子转学的委屈

关于转学,我们可以先聆听孩子怎么说,仔细感受一下他怎么看待"转学"这件事情。例如对于爸妈决定让自己转学的感受,像无奈、委屈、愤怒、难过、害怕、担心、焦虑等。

请接受孩子可能存在的各种情绪,并且聆听这些情绪是如何产生的、他的想法为何,但不要批判。

身为班上的新同学,孩子目前在学校适应的困难点在哪里?这部分需要爸妈以及老师细腻地观察与了解,不能只是期待孩子自己主动说出来。

建议爸妈也**协助孩子维系与原先同学的关系**,让孩子有机会把自己的情绪和过去的同学分享,使情绪有适度出口,有助于减缓孩子的焦虑。

孩子对时间焦虑？

有很长一段时间，我总认为自己有"很贱的基因"（这只是一种自我解嘲的说法），总是在事情火烧眉毛的时候，才开始处理。

这时，肾上腺素开始上升，你发现精力似乎更旺，做事的效率更高。在时间的压缩下，整个人处于一种紧绷的状态，有时就像濒临死亡一样（这只是一种主观的形容）。

最后在截止时间前，像联邦快递般使命必达，达阵成功！自己也松了一口气。

只是，我常常忽略了一点：长期暴露在这种紧绷状态下，对于身心健康其实是一种伤害，久而久之，"焦虑"便自然而然地被唤起。

我们总是很容易找一套说辞来美化自己的行为模式，却往往高估自己的执行能力，而低估了行为的后果。这一点，在注意缺陷多动障碍（ADHD）孩子身上最明显。

如果今天让你在期限之前的最后一秒钟完成了，那我只能说恭喜你，算你运气好。可是，不能期待幸运之神每回都准时降临，老是眷顾你。

有些人还真的挺享受在期限前的快感。在截止日期之前，若能够来个逆转胜，顺利完成，那一刹那的感觉可是非常畅快的。

但我们有没有思考过：只要有一点点差错，超过了最后期限，我们是否可以承担逾时所带来的后果？

我很清楚，当自己处于极度焦虑的状态时，通常都是由于即将触及期限——约定的时间快到了，但应该要交付的事情还没有完成。时间渐渐逼近，"死神"在眼前，挥手召唤……

在这种情况下，我会发现自己出现有别于平时的生理反应：很明显地，喉咙快速缩紧，脸部和眼皮开始出现不自主的抽搐，没有办法让它暂停。

比如交这本书稿，我给自己设下的期限是晚上 00:00。当晚的 11:59:59 以前，我完全无法分心去管自己的生理反应。截止时限不断逼近，眼前就像有颗定时炸弹，即将在越过晚上 11:59:59 之后，于 00:00 整，瞬时引爆。

随着剩余的时间越来越少，我的脸颊会不自觉地开始抖起来。这种反应在平日是很少出现的，也唯有在极度焦虑的状况下，才会被诱发出来。

这种状况，当然不能让它常发生。如果这种情形一而再、再而三地发生，可想而知，发作的频率会越来越高。比如原本一年只出现一两次，渐渐地，半年发作两三次，接着是三个月内有几次，然后是一个月就有几次……最后变成每个星期都出现——到了这地步，就要特别留意，不自主的抽搐是否成了自己遇到压力时的一种"反应模式"。

这种不自主的抽搐，最典型的是发生在妥瑞症孩子身上。

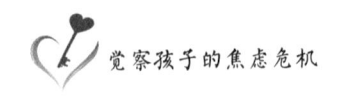

你可以想见，这些孩子有多么痛苦。

这种在期限前挣扎的自残游戏，我们是时候该慢慢摆脱了。

陪伴孩子面对焦虑

适度的焦虑有必要

若孩子对于时间过度注意而焦虑，陪着他想一想：他是怎么解读"时间"代表的意义的？特别是没有在既定时间内完成事情，对他来讲又表示什么意义，以及是否真的有令他无法负荷的后果。例如上学迟到，究竟会怎样？

孩子对于时间的过度敏感，很多时候来自时间没有办法符合自己的预期或别人的期待，而使他过度担心随之而来可能产生的后果及代价。

这个后果及代价，有时候的确会产生实际影响；但是，有些则来自孩子自己的扩大解释，延伸此后果会对自己带来的不利，甚至于有一些灾难性的想法。

这也是为什么处理"焦虑"这个议题得回归到孩子身上，这与他认知眼前事物的"合理性"有关，其中也牵涉到孩子对于事物的认知评估是否"符合事实"。

日常生活中，对于时间的留意，确实是有必要的，因为日后无论是学习、生活、考试还是未来的就业，甚至于与别人之间的约定，都与时间息息相关。

敏感是一件好事，而如何"合理解释"，也决定了这份敏感会不会坏事。

把时间隐藏起来

为了缓和孩子对于时间的过度敏感，试着跟他一起练习：设定一段时间（例如30分钟、1个小时，可采取手机铃声设定），在这段时间范围内，不抬头看墙上的时钟、不留意手表或者眼前的任何时间装置。

这当中，让孩子很舒缓地放松，比如听音乐、画画、玩桌游……任何能够帮助孩子放松的事情都可以。**让孩子去感受在这段时间里，自己专注于眼前事情时所产生的愉悦感觉。**

把时间隐藏起来。

掌握自己焦虑的脉动

如果我们能够有效地掌握眼前的状况，进而便可以掌握自己的内心状态，特别是对于焦虑的控制。

换个方式来讲，就是带着孩子慢慢学习掌控眼前的情况，例如要做的事情的进度、内容难易程度，或是方向、规律、节奏性、能够运用的资源等，在自己合理的评估范围内，有效地进行控制。

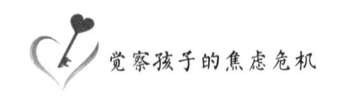

至于能掌控的程度，必须符合自己的实际能力，以一切合理为原则思考。

给自己设定一段"安全时间"

以前我都是事情到了眼前，才急着想要处理，但现在渐渐会提前，给自己一段缓冲的时间，从容一些。

我们都可以给自己一个安全的时段，例如每件事情多预留 15 分钟或 30 分钟，保留一些时间弹性。**适度的弹性也确保了自己能够以从容的方式面对眼前的事物，而不至于被时间压缩、控制。**

有时候把时间抓得太紧，在时间的压缩下，便令人感到焦虑，担心超过时间、迟到了，接下来可能得面临的后果。既然我们总是知道，也觉察到自己给自己的时间相对有限，那么何不让自己多一些从容、充裕的时间与转圜的空间？避免总是处在时间压缩的状态，而任由情绪浮动又焦躁。

一直处于时间的压迫下，我们从情绪到血压、心跳、脉搏和呼吸都总是在急促的状态中，就像一个人不时在破坏自己的情绪状态，让自己疲于奔命，不仅心累，专注力也没有办法集中，同时会感受到一股疲惫，做事没有效率。

对于孩子来讲，当然也是如此。

时间的安排与规划，可以从小建立起来。教孩子给自己一段安全时间，例如 15 分钟，**在这 15 分钟的空当中，允许有一些状况发生。至少在这 15 分钟内，可以保持比较安心的状态。**

针对焦虑管理，让孩子从小练习设定一段从容的空白时间（安全时间），在这段空白时间里，允许自己能够比较从容地自处，也好应对有状况发生，例如因身体不适、感冒、咳嗽、发烧或睡眠不足等，而导致解决问题的执行力降低。这些都是我们必须多预留空白时间的必要考虑。

尽量考虑可能的变量

我习惯在做一件事情之前，先把各种可能出现的情况详细地列出来。并不是要吓自己，而是要全盘考虑各种突发状况，将各个可能的改变系数都考虑进来。这让我更有余裕，更能够周延而完整地安排、拿捏时间的运用，以及准备的方向。

先考虑周全，接着找到对应的策略。如果真的出现突发状况，至少在第一时间，我可以很有效率地把曾经想过的一些策略拿出来套用，而不会让自己乱了阵脚，不知道该怎么办。

孩子焦虑时，常自慰？

阿强把自己关在房间里很长一段时间了。爸妈实在搞不清楚这孩子到底在干吗。

手机正被他们保管，所以阿强不至于在房间里玩手机。这令他们更纳闷了，不明白正值青春期，精力旺盛的孩子，为什么一直窝在房间里。这孩子到底在做什么？

其实，阿强正处于一种非常矛盾的状态，心情是浮躁的。虽然明知有许多待办的事情，等着自己行动，但是焦虑感也由此被引发，使他陷入不知所措。

有些尴尬的是，每当焦虑浮现，他就开始满脑子都是对异性的遐想。

他发现感到焦虑的时候，无论是洗澡、待在房间里还是睡觉前，自己的自慰频率也较平时高出许多，不免有点担心：像这样长时间一直自慰，是否会纵欲过度？他是否有什么心理问题？对于健康会不会产生什么副作用？

自慰这件事，无论在家里还是在班上同学之间，都令人很难启齿。有时同学在社群中或教室里嬉闹着说："哇，又打了手枪。"阿强都只有默默地听着，对于同学之间的对话，他不敢有任何回应,因为担心自己一加入,一不小心,在言语之间很容易被同学识破,发现原来他正是同学们在聊"又打手枪"的那个人。

对阿强来说,打不打都有压力。只是一旦压力来了,目前对他来说最快、最好的压力纾解方式,就是不断磨蹭着地板或手不时来回抽动着,任那些撩人画面穿梭于脑海。

阿强的手,不时抽动着自己的生殖器,时而兴奋,血脉偾张,时而焦虑,罪恶烦躁。每当动作停歇,他都觉得自己是个见不得人的少年变态。

自己待在房间里多久了呢?

阿强好累,再也没有力气去想了,整个人瘫软在床上。

渐渐地,他沉沉睡去。

陪伴孩子面对焦虑

不懂装懂的少年们

性教育这件事情,在学校,老师不谈,在家里,父母不教。许多青少年就只能在班上或网络上问人。

不懂却装懂的同学 A 把自以为懂、实际上却不懂的事情,教给不懂的同学 B,最后两个人懵懵懂懂的,还以为自己真明白了。

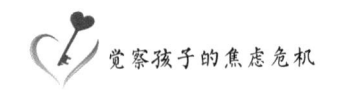

别压抑焦虑

让孩子试着觉察,往往都是哪些想法让自己陷入焦虑。持续坠入焦虑的状态,就像掉入深水中,不断地求救,想要挣脱,却没有游泳圈在身旁,也没有浮木能撑起自己,被无助的感觉笼罩着,使我们载浮载沉。

试着找出这些不合理的想法是什么,同时进行认知的调整与改变。

面对孩子的想法,我们很容易直接告诉他,"你不要这样想""你不需要那样想""你不要想那么多",但这其实是一直在否定、压抑孩子的情绪。

关于焦虑的想法、认知,是亟须去面对与正视的。如果不去了解想法与认知对于自己焦虑情绪的影响,将被焦虑折磨和捆绑,无法解开也无法挣脱,而陷入痛苦不已的状态。

请让孩子有更多的选择与思考模式,有多一点看待事情的方式。当不执着于特定想法时,我们就会比较从容,而不再陷入死胡同。

启动放松的活动

当孩子持续处在烦躁、焦虑的状态时,不妨试着进行一些放松活动,舒缓心情。

无论是散步、洗澡还是选择一个静静的地方,都很好。让自己保持在一种平稳的状态，呼吸平稳，脉搏维持适度的节奏。为了避免因为固定姿势造成肌肉僵硬，而感觉到更加疲倦，可以先试着放松肌肉，做些伸展运动，活络一下筋骨。

建议平时便引导孩子观察、记录哪些活动有助于自己放松心情，例如喝一杯温开水有助于情绪稳定。

协助孩子通过想象的方式，在脑海里先预想轻松的画面，也许是在林荫大道散步，坐在溪边听着潺潺的流水声，走在海岸边，或面向海、看看山等，或是想象自己在浴缸里泡澡。

纾解焦虑，要学习每天"好好过日子"

我要再次强调，教育孩子，不能只是期待他们"以后过好日子"，而是要能让孩子学习每天"好好过日子"。

每一天都可以练习在不同的时刻，做不同的活动来舒缓焦虑情绪。任何小小的行动都可以，让自己压抑的情绪可以适度缓解，像水库一般，慢慢地舒缓，慢慢地泄洪，而不是突然间洪水暴发而伤了中、下游，更伤了自己。

◎ **唾手可得的小活动**

很多小活动和小行动，在生活中唾手可得，都可以**带着孩子一起去体验，找到足以让自己心情平静的方式**。

凝视着眼前的树叶随微风摇曳；仔细注视着眼前的碎石头，或是红砖道上的光影变化；倾听身边的虫鸣鸟叫声。有时，只要仔细注视着一幅画，感受微风吹拂，或看着躺在地板上慵懒睡觉的狗儿、漫步的猫咪，都会让心情舒缓下来。或者就只是静静地不说话，沉淀一下。有时抬头看看天空，望着云朵的移动和不同的形状，这些也都有助于转移焦虑情绪。

◎ 无所事事地"放空"

或许有的孩子会告诉你："好无聊，做这些事情要干吗？"其实这提醒了我们，孩子还没有真正感受到专注于一件事物所带来的让心情平静的好处。一旦感受到了，他会发现生活中是没有无聊这回事的。

所谓无聊，我们可以试着把它定位成"放空"，不做任何思考，只是静静地，什么都不想，无所事事。

我要强调，**这里说的无所事事，是我刻意想要让自己整个人放空**，而不是因为没有事情做导致浮躁。这是两件不同的事情，需要加以区分。

我自己纾解压力的方式是：在演讲或工作过程中，只要中间有任何空当，我都会去走走，比如逛校园、散散步和拍拍照，舒展一下筋骨，同时也是借由转移的方式，把上一段事务的情绪归零。如果有比较长的休息时间，我会重复这么做，尽量利用各种时段。

另外建议你，在工作结束之后，不要马上回家，可以试着先沉淀一下，绕段路、转个弯，迂回一下，你会看到不同的风景。我就是这么做的，这让我有一种"玩到"的感觉，而每天都有玩到的感觉，对我来讲就是一种放松。同时，一天的疲惫也借由这样而释放了，就如同我们把心里的脏东西沿路抛弃。

回家之前，先慢慢释放一天的疲惫

我常常在演讲时开玩笑说："我们不需要在回家前过火去霉运，但可以在回家之前，先慢慢释放掉一整天的疲惫。"

这些释放能够使我们回到家，按下电铃的那一刹那，整个人的表情与肢体动作，甚至整个人是明显放松的，而不至于让家人打开门的那瞬间，看到我们是板着脸、愁眉苦脸或一副疲惫的模样。

家人没有义务承受我们带回家的负面情绪及感受。多给自己一些机会沉淀，不需要太长时间，也许只是短短几分钟，以适合自己的方式，让焦虑缓和。

还是要回到我常讲的一句话：**当我们大人学会纾解压力、放松心情，孩子就有机会学习到我们的方式，他们也会同步地进行放松练习。**

孩子在学校尿尿会焦虑？

学校的男厕里，大宇已经在小便池前站了三四分钟，尿不出来。

"你是被罚站是不是？尿不出来，我看你又缩回去了。"阿亮先发难，在旁边开玩笑。他这么一讲，大宇还真的龟缩了回去。

但真正的灾难还在后头——

"你们来看，你们来看。"

"好小哦，要用显微镜看。"

"哈！看不到什么啊！"

"拜托，你到底有没有长大？"

"怎么尿一下，就又缩回去了？"

"哇！他的鸟不见了，飞走了。"

"你怎么尿那么久？是不是前列腺肥大？"

几个男同学探头探脑地往大宇的"那边"猛盯着看。

一时之间，大宇面红耳赤且极尽羞愧，说："你们真的很变态，走开，走开！"

"哎哟，不要乱喷啊，你还在尿尿。"

"对嘛！我被他的尿洒到了，好恶心哦。"

"快跑，快跑，快拿酒精消毒。"

大家七嘴八舌，一哄而散。

同学们对于大宇性器官的冷嘲热讽，极尽批评、揶揄，令他感到羞愧、尴尬又难堪。

每次只要一想到这些恶言恶语，大宇的自尊心就矮了一截，焦虑又明显地升了上来。

这样一次、一次、又一次的言语刺激、恶意玩笑，让他的注意力一直停留在周围的人身上，担心别人到底怎么看自己，会不会想：为什么他站在小便池前面这么久，还尿不出来？

那就憋尿吧。大宇曾经试着憋尿，想说先憋着，或许等膀胱真的膨胀了，到时候快跑到小便池前，就比较容易尿出来。但事与愿违，憋着憋着，有那么一两次来不及，把裤子尿湿了。

"是谁尿裤子？好臭啊！"小敏大声说。

他试着用外套、书包遮遮掩掩。但课堂上，一股尿骚味扑鼻而来，同学们质疑的眼神像雷达般扫射。

深呼吸……大宇只能正襟危坐，装作若无其事，强迫自己读着课本上的每个字，越专心越好。绝对、绝对不能让同学们发现，是自己憋不住，尿湿裤子了。

在学校尿尿这件事，成了大宇的焦虑来源，这使得他在学校不敢喝水，生怕喝了水就想往厕所跑，却又尿不出来；可是不喝水，加上憋尿，只是导致尿尿的问题更加恶化。

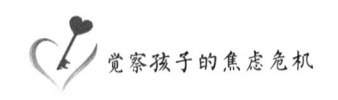

曾几何时，学校的厕所门竟成了地狱之门，令人害怕、恐惧又焦虑。

陪伴孩子面对焦虑

焦虑会抑制行为，引发更大的焦虑

当孩子的注意力过度聚焦在可能被看见，或认为别人正在看自己、对自己评头论足，或是想到同学们是否在用负面眼光看自己，进而将使孩子明明需要上厕所，行为却被抑制了，而变得不是那么容易顺利尿尿。

在小便池前越待越久，更让孩子处于紧张状态，焦虑的情绪更加恶化。

消除杂念

引导孩子在小便池前一边尿尿，一边想着熟悉的歌曲在心里哼唱或在心中吹口哨，越熟悉越好。通过熟悉的旋律在脑海里自动播放，可以不受其他杂念干扰。

偶尔可以闭上眼睛，让自己稍微放松，有利于顺利排尿。

畅快想象

闭上眼睛,想象膀胱已经胀满,丰沛的水量就如同瀑布一样,即将倾泻而出。你听见尼亚加拉大瀑布或石门水库泄洪般的澎湃水声。

对具体画面的想象也有助于放松,顺利排尿。

严选厕所

下课时间,厕所里常常人满为患,像是菜市场一样,同学之间的嬉闹声、争吵声加催促声此起彼落。这些噪声难免会让站在小便池前的孩子感到被催促,而唤起内心的阵阵焦虑。

让孩子通过经验值,判断在校园里有哪些厕所相对地没有那么拥挤,至少能让自己感到自在从容些。

例如,有些孩子干脆跑到远一点的厕所,或等到人比较少时再上,或者选择上大号的厕所,把门关上。在没有人注视的情况下,会感到轻松、自在许多,也比较容易顺利排尿。

表达自己的内在感受

陪着孩子练习开口,表达感受。当他又在厕所遭到同学们无理的嬉笑,对自己尿尿或生殖器开恶劣的玩笑时,勇于向对方说出内心的感受。

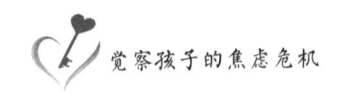

或许在孩子说完之后，同学们依旧不为所动（这部分的行为后果就有待老师处理了），但至少他把自己内在的想法说出来了，不再压抑而徒增烦恼与焦虑。

老师请协助，针对始作俑者的自我觉察

有些孩子没有口德，面对这些好嘲讽的孩子，我会问："你们说这些话、做这些动作，到底想要做什么？"

孩子们通常回答："只是好玩而已。我们在跟他玩。"

我会进一步地问："好玩？到底哪一句话好玩？哪一个动作好玩？好玩在哪里？是你好玩？还是他好玩？你想玩，但对方到底有没有想要跟你玩？"

我不问孩子"为什么"。我会问"你在说什么？你在做什么？"，让孩子先自我觉察他在讲这些话、做这些动作之前，是否思考过自己心里真正的用意。

孩子可能会告诉你："我没想那么多。"

就是因为我们常常在做许多事情时很少思考，连带地也不会去注意到，一句话说出口之后，可能造成的影响及杀伤力。

我们总是很不负责任地把话说完，拍拍屁股就走了，顶多一句"对不起"就带过。但是，我们没有思考过自己脱口而出的一句话，会让听的人心里承受多少伤害。

你可能想："会不会是听的人真的太玻璃心了，怎么一句话就受挫成这样……"

这是两回事。

说,是一回事;至于对方如何去感受,又是另外一回事。无论对方是不是玻璃心,都不等于我们可以想说什么就说出口。

每个人的特质不尽相同,这是我们需要尊重,也必须了解的。我们不能以大人的立场,一概认为『孩子就应该如此』。不强迫孩子一定得如何,而是让孩子练习『觉察』与『判断』。

面对新事物，
泛自闭症孩子焦虑不已？

演讲过程中，我经常会提到："如果老师怀孕了，在你的班上最好不要有自闭症或是阿斯伯格综合征儿童。"

这么说倒不是指孩子会坏了老师的胎气，而是怀孕之后，必须进行产检而请假，老师一请假，就会改由代课老师上课。

面对班上的老师不时替换，对于自闭症及阿斯伯格综合征儿童来说，就像大风吹一样，心中的焦虑龙卷风被唤起了。只要每换一次老师，孩子就得重新适应，而且不见得能适应良好。

老师怀孕之后，身形会改变，有些孩子也不太能够适应老师的体态变得不一样。你可能会对孩子说："10个月之后，老师的身形就会恢复原来的样子。"但请别太早给孩子承诺。有些人过了10年，身形都不见得能够恢复啊！

以上的戏谑说法只是想强调一件事：对于自闭症及阿斯伯格综合征儿童来说，任何细微的改变都是他们必须适应的高压力。重点是，很耗时间。

改变，带来的是不确定性，让孩子一时之间无所适从，无法掌握。不确定性也唤起孩子内心的极度焦虑和不安。

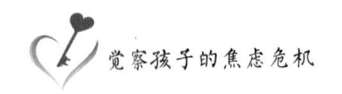

曾经有自闭症孩子在诊所进行疗育，当治疗师从原本戴框式眼镜改成戴隐形眼镜时，孩子一时反应不过来，而拒绝上课。

你可能会说："这些孩子现在不适应变化，那等他们长大后进入社会，跨入职场该怎么办？别人可是不会都依他、顺他的。"

的确如此，泛自闭症孩子的确是需要改变，只是，他们"需要时间"，而且是"很长的时间"。请允许他们慢慢来，并且在这期间，我们身旁的大人别停止对孩子关于改变调适的协助。

在合理的范围内，试着采取渐进方式，贴心地让孩子逐渐适应情境的改变。

陪伴孩子面对焦虑

面对新事物，孩子好焦虑

泛自闭症孩子对于"新"是很敏感的。

当我们拿出新的玩具、教具时，先不急着要求孩子马上过来玩，可以把玩具在孩子视线所能及的地方先放一段时间，让孩子维持一段适当的距离。

孩子如果好奇，想要趋近，自然而然就会靠近。如果孩子还是不想碰触新玩具、新教具，也在告诉我们目前的时间点还没到，还不适合让孩子马上去打开这个新的东西。

如果太强迫，有些孩子最后就选择逃避了。

欲擒故纵

你可能觉得新买的东西却连拆封都没有拆封，很可惜。那就让我们启动大人可以做的事：我们先把玩具、教具拆开或是组装起来，或者干脆自己先开始玩。

如果有其他手足或同学，可以叫他们过来一起玩。在玩的过程中，表露出愉悦，显示玩得很开心。

一边"玩"，眼神一边适时地飘向孩子，请记得，不急着叫孩子过来看。如果他感兴趣、好奇，他就会过来。故意玩给他看，欲擒故纵，渐进地一步一步来。

先别急。虽然你心里会有很多疑惑："怎么会有孩子不喜欢玩新玩具啊？"但**每个人的特质不尽相同，这是我们需要尊重，也必须了解的。我们不能以大人的立场，一概认为"孩子就应该如此"**。

玩之后，暂时先不把东西收好，就摆在原处，接着再观察孩子会不会主动靠近。

混乱的死角，处处好转移注意力

在心理治疗所的游戏室里，面对比较容易紧张、焦虑的孩

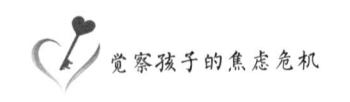

子，我会把原本摆放整齐的玩具、教材，刻意弄乱。

游戏室显得混乱，对焦虑的孩子来讲，就多了一些转移注意力的死角。如果太整齐干净，高敏感度的孩子反而会觉得动辄得咎。

多制造一些转移注意力的死角，至少能让孩子在感到焦虑时，注意力还有可以躲藏的地方，而不用直球对决般看着你，与你面对面地大眼瞪小眼，这只会徒增尴尬，而使他更加焦虑。

感受是主观的，没有对错

想象一下，有一天你去朋友家里做客，对方家中全都是纯白的家具，包括纯白色沙发、地毯，好一个纯白系列。你在沙发上坐定之后就不太敢动了，因为你注意到自己的屁股重重地让沙发陷了下去。

你不敢站起来，担心自己的臀印会留在纯白沙发上。你觉得相当不自在，这个客厅真的是太干净了。只是拨拨刘海，你都会担心发丝会飘落到朋友家的纯白地板上。

你的注意力无处安放，只能抠弄手、拉扯衣角，或频频询问："请问厕所在哪里？"

尿遁，成为一种解脱。

进了厕所，你又尴尬起来。朋友家的厕所里，马桶与卫浴设备也真是纯白得太干净了，一尘不染到和客厅的沙发、地板一样，令你感到动辄得咎，战战兢兢。

每个人的感受不同，也许你不以为然地认为："拜托，如果朋友家的客厅、厕所太脏乱，我才会觉得焦虑不安。"

这是**每个人的主观感受，没有对错**。

允许自己有焦虑的权利

让孩子允许自己有焦虑的权利，特别是第一次接触新的人、事、物时，会焦虑是非常自然的。允许自己拥有这样焦虑的特权，虽然它不需要特别召唤，自然而然就会来敲门。

不要认为焦虑有什么穷凶极恶。会焦虑是很正常的事。

焦虑提醒着我们：请开启警觉的窗口，来面对眼前这个新事物。

对于新事物，我们少了一些经验值，对于整个状况的了解与掌握程度也有限。在面对新事物时，让我们先停下来想一想在过去的经历里，是否有类似的经历，并且从中找到交集。把这些交集抽出来，就会发现看似百分之百的陌生新经历，当中可能存在着百分之三四十的旧有经历，如此一来，眼前这个新经历就只剩下百分之六七十的陌生感。

新的经历，不全然会对每个人都带来不舒服的焦虑，有些人反而喜欢新。每个人的情绪本来就很复杂，"新"可能带来的是快乐、开心、愉悦、雀跃，或淡淡的焦虑心情。

这当中，主要看我们如何评估眼前的事物，还是一句话：不要把自己吓坏了。不要总是陷入二分的状态，很多事情并不真的是全新的或陌生的。

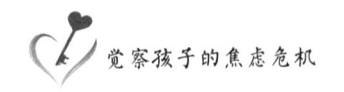

列出"新事物"的焦虑清单

面对新的经历时,让我们协助孩子建立接收这些新经历所需要的基本知识与能力。

可以列出孩子对哪些新的事物会产生焦虑,例如陌生的大人、新同学、新班级、新环境、新的游乐设施、新饭店、新的居住地,或者搭乘新的交通工具、新的学习单元、新食物、新玩具、新的应用程序、新手机等。

谈到这里,有意思了。关于后面那几项新事物,如果拿来问孩子:"当你接触到新玩具、新的应用程序或新手机时,也让你感到焦虑吗?"

答案多半是否定的。孩子显然非常开心、兴奋。

因此,我们也可以与孩子讨论他是如何看待"新"的概念的。

所谓新,其实可能是我们对于即将做的事情的一种逃避。或者面对新,只让我们看到自己的能力不足。

改变令自闭儿焦虑了？

到底该不该帮自闭儿换座位？

按照导师的想法，在班上为了让同学们彼此认识，因此决定每两个星期让大家随机换一次座位。

大多数的孩子对于这样换座位感到很新鲜，因为不确定性总是令人期待，不晓得下一次，谁会坐到自己旁边。

可是，换座位这件事情对于自闭儿崴崴来说，感受往往不是如此。

每次一更换座位，崴崴就情绪激动起来，不时地打头、尖叫、咬自己、站起来、走动、发出怪声、自我刺激，让导师不知道该如何是好。

导师心里嘀咕着："我这样做也是为了他好啊！难道让他多认识朋友不对吗？更何况，他总不能老是坐在固定的位置。"

换座位，让孩子有认识新朋友的机会。导师的出发点，立意非常良善，考虑到孩子的人际往来能力，同时，也可以打破自闭儿的固着性。

但是仔细来想，当我们决定对自闭症孩子做出改变时，需要先思考孩子在改变的当下可能会出现哪些激烈的情绪反应。

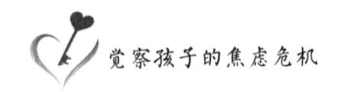

如果导师能够有效地处理孩子的激动情绪，并且愿意，也有勇气尝试换座位，这真的是非常值得肯定的。

导师想要用换座位的方式，让孩子之间多一些认识，以及有交新朋友的机会，这个出发点对于一般孩子来说，的确是可行的。但考虑自闭儿的情况，我们可以试着采取比较温和且渐进的方式。

对于自闭症孩子来说，固定的座位，至少会有让他安心的作用。毕竟自己坐的位置固定，熟悉身旁坐了哪些人，在班上相对地会比较自在，情绪也会比较稳定。

陪伴孩子面对焦虑

重质，不重量

对于自闭症孩子，是否需要让他认识很多朋友？这一点，我暂且保留。

并非自闭儿在班上不需要多认识朋友。而是**在班上，如果可以持续有稳定的2～3位同学与自闭儿相处，这对孩子在教室里的情绪稳定**，起到了非常重要与关键的作用。

反之，不断更换座位，不断变换身旁的同学，让自闭儿一直处在变动的状态，在关系的建立上，一直没有办法产生应该有的熟悉度。这对于自闭儿社交行为、人际关系的建立，反而会带来副作用。

自闭儿认识朋友真的需要一段很长的时间。

循序渐进

打破自闭儿的固着性，这个大方向是正确的，也是必需的。只是，想要打破自闭儿的固着性，需要采取渐进的方式。

例如，自闭儿的座位不动，他周围的小朋友或同一组的小朋友要进行更换的时候，可以先采取局部更动。

举例来说，原本和他同一组别的是A、B、C三个孩子。导师进行的调整是维持A和B不动，而把C换成D。让自闭儿在小组里，依然有A、B两位熟悉的同学，同时也让他有机会接触新的同学D。

导师想协助自闭儿的立意，非常值得肯定。如果能够同时达到预期的目标，并且让孩子的副作用降到最小，我想就更加完美了。

安心的贴身保镖

改变，往往容易唤起自闭症孩子的焦虑情绪。

当自闭症孩子面对改变而产生焦虑时，往往会明显地以自我刺激行为来呈现，例如：不断转圈，不断盯着旋转的物品看，把玩手中的东西，摆动身体，自言自语，或是反复

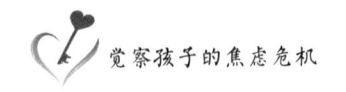

听一些声音，比如搓弄塑料袋的摩擦声音、摇晃瓶装水的声音。

这些动作，在某种程度上对孩子有缓和情绪的作用。差别在于，这样的举动往往会让周围的人觉得眼前这个孩子是怪异的，在互动过程中，传递出不甚友善的社交信息，例如鄙视、不以为然的眼神、嫌恶的语气或口吻、行为的拒绝或回避等，让孩子感觉不舒服。

每一个人都有专属于自己缓和焦虑情绪的小东西，例如小饰品、小吊饰、小玩偶，它们能让自己感到安心。这样的切入点，对于自闭症孩子来说，也具有同样的效果与作用。

在改变之前，让自闭症孩子身上携带容易转移他注意力的物品。

试着列出让孩子的情绪能够缓和的一些小东西。这些小物品以能够让孩子随身轻便携带（如放在口袋里，或挂在身上、别在衣服上），从外观来看不至于对孩子的生活及学习造成干扰为主，在与人互动的过程中，也不至于让周围的人觉得太过突兀。

让孩子把注意力聚焦在这些小物品上，再逐渐进行一些改变。改变，当然会令自闭儿焦虑，但这时他可以将注意力适度地转移到这些小东西上。

生活中存在着许多小物品，有待我们去寻找。对于有些孩子来说，就算只是一片叶子、一颗弹珠或一个瓶盖拉环，也有缓和焦虑情绪的作用。

非变不可吗

你可能会有疑问:"如果我们选择不改变呢?"

无奈的是,生活中,改变一直在发生,这很现实,任谁也躲不掉。例如A事情没改变,但B事情正在变化,C事情令人措手不及,D事情可能跟以往的状况截然不同。

这是自闭症孩子在日常生活中最辛苦的地方,总是得无奈地面对这些不确定性所引发的焦虑情绪。

变化是无法避免的,不过,我们可以采取渐进的方式,让孩子逐渐暴露在细微的改变中,依然能够拥有比较稳定的情绪。

虽然初期,他还是会觉得有点怪怪的,哪里不对劲,但负面情绪仍在可接受的合理范围内。当适度的焦虑没有影响到孩子的生活及学习时,这一切,就可以很自然地度过了。

结构与改变

对于泛自闭症孩子来说,建立生活中的规律性及结构性是很重要的。让自己处在一种可以预期的状态下,好掌握下一步会发生的事情,降低非预期性问题的出现概率,增加可控制的程度,往往也逐渐提升了情绪稳定度。

虽然世事难料,但让生活保持一种规律,如同在轨道上运行一样,情绪自然而然也就平稳起来。

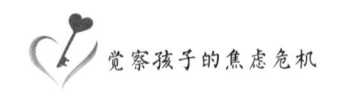

规律和固着的作用，有些差别。规律，往往会为当事人带来一些好的结果，好的情绪状态。固着，则往往为自己、为他人带来麻烦。

我们不需要，也不可能维持百分之百的规律，但是，可以试着让孩子在生活中拥有百分之八十的规律，再加上百分之二十的变动。

这百分之二十是哪些呢？一是自然而然发生的变动，例如突然变天下雨，或路上因交通事故而堵车。二是我们主动让一些事情改变，例如原本要骑车出门，突然改成走路前往。

毋庸置疑，"结构化"对于自闭症孩子是相当重要的。但可以在结构中逐渐加入一些弹性，允许一些事情的变化，让孩子至少可以拥有百分之八十的可控制与百分之二十的非预期。同时让孩子在认知上，逐渐接受改变是一种常态。

感官特殊敏感的自闭儿，焦虑难耐？

之一

以剪头发为例。

当孩子头发长了，盖住耳朵，刺刺的头发对于触觉敏感的自闭儿来说是难以忍受的，使他情绪浮躁。有时受限于口语表达能力，感到不适却说不出来，而让情绪更加激动，不时尖叫。

带孩子去剪头发时，在剪发过程中，发型师的剪刀咔嚓咔嚓或剪发器推动所发出的声音，对于听觉敏感的孩子来说，又是一场磨难。

剪完头发，理发师拿起吹风机或类似吸尘器的器具来吹、吸头发，又让敏感的自闭儿情绪再度激动起来。

这还不包括剪头发前得坐下来，披上大型围兜兜。可不是每个孩子叫他披就披，叫他坐就坐的。

剪完头发，该洗头了。首先，孩子不是能轻易低着头让人冲水，以洗发水、润发乳在头顶搓揉的。有时孩子对洗发水、润发乳的味道敏感，或是在洗头时，水碰触到眼睛或流进耳

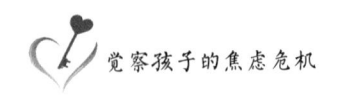

朵，这些状况，再加上有人用手直接在他的头上搓揉着，可是会让孩子哇哇大叫的。

洗完头，你想算了，请发型师不要用吹风机吹，直接拿起毛巾就往孩子头上包，直接擦干。触觉敏感的孩子，又开始尖叫了起来……

现在，你一个头两个大。头发长了，剪也不是，不剪也不是；头洗好了，吹干也不是，不吹干也不是，用吹风机吹、用毛巾擦干或是干脆晾干，都有状况。

重点来了：孩子在日常生活中，还不仅只有剪头发这件事。

例如，洗澡冲水要不要用淋浴喷头？要不要泡澡？要不要使用沐浴乳或肥皂？水温到底要多冷或多热？……

这些都反映了我们对于眼前自闭症孩子感官敏感程度的了解。

看似我们为了他好，在炎炎夏日拿起淋浴喷头，将沁凉的水往他身上猛然一喷，有些自闭儿会歇斯底里，大声尖叫，极度不适的感受就如同尖锐的箭，高速从四面八方往自己射了过来。我们实在无法想象，对一般人来说如同按摩般舒服的淋浴喷头冲澡，自闭症孩子却感到有如行刑般的痛苦。

之二

小彦快受不了了。

下课时，同学们在教室里嬉笑怒骂、追逐的声音，以及从球场上传来的啪啪啪的拍打篮球的声音，教室里、教室外，嘈杂的声音交杂着。

还有窗户外，风吹动着树叶，不时摆动、摩擦的声音；校园里，喷水池不定时发出的喷水声……

这些声音都让小彦感到浑身不自在、不舒服，非常难耐，他痛苦到不时抠弄着双手。有时他以两只手捂住耳朵，或者用力拍打耳朵，想把这些声音隔绝在自己的世界之外。然而这些举动往往引起同学侧目。

"小彦会不会太夸张了？"

"对嘛，他到底在干吗？怎么一脸痛苦的模样？"

"现在有什么声音吗？他干吗捂住耳朵？"

同学们互望着。

"没有啊，没有人在放鞭炮，没有人在做爆米花啊。"

"拜托，现在都什么年代了。我奶奶她们以前那个年代，在路上，爆米花在要爆之前，老板会先大声喊：'要爆喽！'现在已经很少有人这么做了。"

一场又一场恐怖的声音刺激，不时在小彦的日常生活中上演。

自闭儿的异质性非常大，请提醒自己，别忽略了他们的敏感特质。一般人眼中微不足道的小事，对于自闭儿来说，却可能是一件令他无法招架的大事。

陪伴孩子面对焦虑

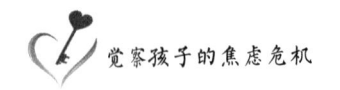

尊重每个人的特殊敏感特质

自闭儿很容易把注意力聚焦在一些极细微的事情上，无论是声音、味道、触觉、视觉还是嗅觉等。甚至于对绝大多数的人来说是极微不足道，或不会去注意的地方，他们却极度敏感或因此强烈地反弹。

每一个人都有敏感的地方。以我自己来说，我非常不喜欢在演讲过程中闻到现场听众朋友身上散发出的风油精、白花油、万花油、万金膏、撒隆巴斯等味道。

但你可能会说："风油精很香啊！有什么难闻的？"

很抱歉，这是你的感受。可是对我来说，就像是蚊子遇见杀虫剂般生不如死啊！

这些味道，让我有极度作呕的感觉，让我感到浑身不自在，脑海中，马上穿越回到小时候，出现搭乘公交车、游览车一路晕头转向、晕车、想吐的感觉（塑料袋拿在手里，车子到现在还在晃）。

每个人对于不同的事情，总有不同的敏感联结。请接纳与尊重每个人主观的感受。

口语表达能力有限，就用行为表达

在这里，我可以通过文字告诉你我不喜欢那种气味的理由，并充分表达出来。如果周围的人能够了解、体谅与认同，便会有所改变与调整。再不然，我自己会躲得远远的，保持极度的社交距离，或者索性戴上口罩来回避那些作呕的味道。

但是，口语表达能力明显落后的自闭症孩子没有足够的能力把自己切身的感受明确地说出来，因此旁人无法了解他究竟怎么了。

我常常讲：孩子不说，不表示孩子没事。

但是当孩子因为不说、无法说、不知怎么说或不愿意说，而让我们不解或误解时，就会让孩子变得很有事。

孩子情绪焦虑、躁动，不时尖叫，在教室里狂乱地发出声音，或者不时在原地打转。老师无法接受孩子出现如此的干扰行为。

然而，**在大人眼中看似干扰的行为，对于口语表达能力有限的自闭儿来说，却是一种自我表达的形式。**

想象一下，因为一些感官上的不舒服，没有被认同，没有被了解，情绪行为反应又被误解为一种干扰、破坏，连带地会遭受大人进一步的处罚。

你可以想象结果：孩子又将遭逢一连串的情绪波动，且愈演愈烈。

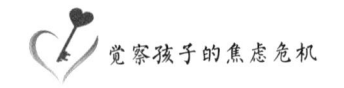

对于自闭儿的听觉敏感，请别再不以为然

自闭儿的听觉是非常敏感的，听觉上的过度刺激，往往让孩子处在一种非常难耐的状态。只不过，他心里面的不舒服，旁人却不是那么容易理解。

对于周围的人来说，一切都和平时一样，哪有什么异状。

但是在这里，我必须要强调：**每个人对感官接受的敏感度不尽相同。**

或许有些经历大家比较类似，例如听到你手刮墙壁，就像熊刮树皮的声音，往往让很多人起鸡皮疙瘩，寒毛竖起来，甚至于马上要求你停下来，不准你再继续刮。

对于大多数的人来讲，手刮墙壁这件事情是令人不舒服的，因此，大家比较能够认同及了解。而其他的声音，例如不同物体之间的摩擦所发出来的声音，则会使得有些孩子感到不适而焦虑。你可能很难想象，对于有些自闭儿来说，雨落在屋顶上发出的滴答滴答声，是多么令他们难以忍受。

面对这样的焦虑，我们不能只是一味地讪笑或不以为然，"拜托，风吹树摇动，叶子摩擦，这是大自然多么美妙的声音。难道你要叫树立正站好？你干脆用胶水把树叶黏起来，让叶子不能动算了。或者干脆校园里面不要种树了，把假花、假草、假树搬出来就好"。

许多人对此不以为然，也在于忽略了身旁的人可能存在的特定情绪感受。这关系到我们是否愿意接纳每一个人对于自己身心焦虑可能存在的异样性。

贴心地对待孩子

面对孩子对于声音刺激异常敏感,有些老师会贴心地允许孩子戴耳机、耳塞或耳罩,以减缓对于嘈杂或特定声音的过度敏感所产生的心理上与听觉上的不适和焦虑。

缓和焦虑有法宝

在新加坡电影《戏曲总动员》(*The Wayang Kids*)中,当男主角——自闭症小男孩欧本情绪激动的时候,女主角——小女孩宝儿就会拿出一个小小的猴子玩偶,让欧本把玩,转移注意力,欧本的情绪便逐渐缓和下来。

我们也可以这么做,**让孩子随身携带一些有助于缓和情绪的小法宝**。无论是一条项链、一串钥匙、一颗弹珠,还是其他任何足以让孩子情绪平稳的物品,都可以算法宝。

不确定性令阿斯伯格综合征儿童焦虑了？

"各位同学，由于疫情的关系，我们的校外教学活动是否如期举办，要等待最后的通知。在还没通知之前，有些事情依然要准备，这段时间，各组还是要进行讨论。如果到时候活动被迫延期或取消，老师会提前跟你们说。"

听到校外教学可能会延期或取消，小牧心里浮躁了起来。对于期待已久的校外教学，他在心里酝酿、模拟了许久，当天到木栅动物园的活动情形，在他脑中早已有了鲜活的画面。

他都已经想好当天要带哪些零食、用手机拍哪些动物，对于天气预报更是随时掌握。这一切，怎么可以取消？怎么可以延期？如果延期，到底要延到什么时候？如果取消了，那是否在小学毕业之前，就都没有机会再跟同学到木栅动物园去了？

这种不确定性，让小牧感到心里面很难熬，然而自己无法决定，也无法改变。

其他同学大多认为尽人事、听天命，最后只能配合老师，举行就举行，延期就延期，取消就取消，一切随缘。反正木栅动物园一直在那里，想去就可以去。

小牧的反应却不是如此。

就像每次老师抽考，因为没有事先讲，小牧的情绪就显得非常激动。虽然一般孩子对于突如其来、带有不确定性、无法预料的事件也会感到焦虑，但小牧的焦虑几乎爆表，而在焦虑的情绪之中，还添加了不安、生气、烦躁、担心及愤怒。

陪伴孩子面对焦虑

面对躲不掉的变量，调适改变的必要性

阿斯伯格综合征儿童需要一个很明确的答案。"明确"，有助于孩子感到安心、确定，知道自己接下来该做什么，可以做什么，可以怎么做。这样就达到了稳定的效果。

但是，当眼前的情况并不那么确定时，孩子心里很容易产生混乱，开始慌了、急了，开始担心自己没有办法掌握、控制可能随之而生的状况。

有些事情如果可以确认，按部就班，按照既定的节奏来，当然是最好的状态。

无奈的是，在日常生活以及校园学习里，许多事物并不全然能够按照时间来，存在了许多不确定性。

有时办一个活动，有所谓第二备案、第三备案，目的就在

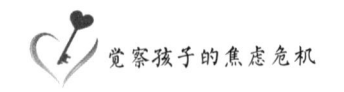

于如果第一方案没有办法进行,至少还有其他备案。当孩子能够接受这样的概念时,至少心理上能不再死守那百分之百全然的确定。

微调,让孩子逐渐适应

阿斯伯格综合征儿童由于固着性问题,对于许多事情,会希望能够按照原本的想法进行。一旦这个结构被打破,不确定性太多,就很容易使这些孩子焦虑及不知所措。

我们需要给阿斯伯格综合征儿童一段时间,让他们慢慢地调适因不确定性而生的改变。为了缓和孩子对于不确定性可能有的焦虑,建议采取比较有系统性的减敏感方式。例如:

总共有五件事情,一开始都按照既定方案进行,孩子的预期百分之百实现,而且百分之百按照他的认定来做。

↓

过一段时间之后,进行微调与改变。比如其中四件事按照既定方案进行,另一件事进行改变。孩子当下可能会出现焦虑及其他的情绪反应。

↓

以此类推,再下一步是让五件事情之中有三件事是确定的,另外两件事则出现变化,并进一步追踪孩子能够承受的状态。

但是要提醒自己,**适可而止,见好就收**。

随遇而安，不执着

我曾经在脸书上写下这两段话：

"这波疫情带给我最大的改变：随遇而安，不执着。"

"日子就在取消、延期、邀约中，不断交错着。让自己变得更有弹性，随遇而安，不执着。事情只是换个不同的时间做。感谢每一回的工作机会。"

在新冠肺炎（COVID-19）疫情发生前，我每年的既定行程，大部分都按部就班，很少会进行大幅改动。然而，这一波疫情下来，我的工作就如同大多数的人，产生了明显异动，比如相关演讲活动的取消、延期与新增。

在这当中，我慢慢学习到，**很多事情其实不需要执着。外在环境是我们没有办法改变的，自己可以做的就是调整内在的心境。**

类似的想法，孩子需要长时间才能慢慢感受到。但是当我们大人保持着这样的态度及信念，并且适时地与孩子分享，也能让孩子从我们看待事情的态度上，学会参考、调整或修正自己对于生活中"不确定性"的看法。

临时抽考的脑力激荡

为了让孩子能够有更加周延的想法，我非常建议老师利用

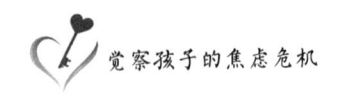

早自习这短短的10分钟,让孩子们练习:老师抛出一个问题,让底下的同学列出各种对这个问题的解释。

例如,老师突然宣布下一节课要考英语,这是一个突发事件。让孩子开始试着练习,当听到老师突如其来地宣布临时性抽考时,自己会有什么反应。先不做任何批判,让孩子将脑海里马上想到的任何念头,全部都写下来。

无论这些想法是正面的还是负面的,先不预设任何立场,也没有绝对的对错。先让孩子写出来和讲出来。例如:

◎ 老师为什么不早一点说?
◎ 糟糕,我没有准备好。
◎ 太棒了,我昨天特别看了一遍。
◎ 反正就只是一次小考嘛!
◎ 怎么办?这次如果没考好,我该怎么办?
◎ 拜托,小考成绩才占总分几分。
◎ 还不是每天都在考试,差这次吗?
◎ 考英语,我最擅长了。
◎ 反正老师怎么临时抽考,我都可以应付得了。
◎ 怎么办?我的英语是最糟糕的。
◎ 反正我的英语那么差,不管有没有临时抽考,小考、月考和段考,我考出来的成绩还不是都一样。
◎ 怎么不早说?老师就是在找我们麻烦,应该要事先讲的!

当我们抛出一个临时事件时,就像掷出一颗石子,在孩子们的脑海里激荡出了一阵又一阵涟漪。这些只是涟漪，没有一定的标准答案，没有对错。

我想要说的是：一件事情会随着每个人不同的解读而出现完全不同的想法，有时候会引发一个人许多不同的情绪感受及行为反应。

反应就是反应，没有绝对标准

接续前一段，我们把孩子们的反应整理出来之后，先不做任何批评，接着让孩子们逐一表达。

例如若是这样的想法出现："怎么不早说？老师就是在找我们麻烦，应该要事先讲的！"让孩子试着把这个念头背后可能会出现的情绪感受逐一写出来，也许孩子会觉得很厌恶、很讨厌、很生气、很焦虑、很紧张。

标定情绪感受之后，让孩子进一步思考自己接下来的行为反应。也许孩子提到的是赶快临时抱佛脚；也许孩子胸有成竹地说他都准备好了；或者孩子想要跑厕所，或紧张到哭了出来；或许有的孩子依然笑嘻嘻的，认为反正无论考的结果怎样，自己都无所谓……对于孩子的行为反应，我们先不做任何预测。

每个人对于同一件事，会有许多不同的想法、解释和感受，所以没有绝对的对错，也没有一个标准，应该让孩子逐渐明白每个人都有自己的情绪。

简单地讲，**感受到焦虑并不是见不得人的事，不需要隐瞒**。当我们可以大声地说"我现在很紧张""我现在很焦虑"

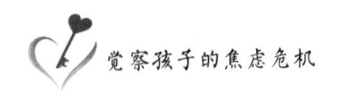

时，说出来，反而对自己是一种舒缓，也同时让周围的人可以在第一时间了解我们的感受。

清空脑中的内存

把脑中的想法讲出来、写出来，好处是当这些想法化成文字存在屏幕上或纸上时，**至少可以让脑袋暂时先清空，也是解压。**

先不用去记忆这些想法，让脑袋多一些空间，就如同手机、计算机的内存多出了更多的容量，使用一些软件或开启应用程序会更加顺畅。当我们把脑海里这些焦虑的想法、杂乱的念头说出来、写下来，也有相同的作用，使得思考更顺畅，在日常生活中不会那么累、那么疲倦。

情境转变，启动了阿斯伯格综合征儿童的焦虑？

上课时间到了，老师发现小文还站在教室外的走廊上，没有进教室。

老师感到很纳闷："小文为什么不进来呢？不是已经上课了吗？"接着心想："好吧，我不去催促他，他想进来就进来吧。我就在教室里等他，反正他也知道我在里面。"

随着时间一分一秒地过去，原本十点应该进来上课的，眼看已过了10分钟、15分钟、20分钟……

老师没有想到的是，如果再不上前去引导小文进入教室，他随后会掉头就走。其实这反映了孩子待在走廊上的过程中所产生的焦虑，因为时间过越久，孩子在走廊上越是感到难熬，最后索性选择离开。而下一次，他将更难踏进教室。

当发现阿斯伯格综合征儿童杵在走廊上，不进教室时，老师需要引导孩子进入教室，因为这些孩子很容易开启许多内心的小剧场，使自己一次又一次地处在焦虑状态。

另外，老师也发现，下课时间到了，小文一定准时离开。

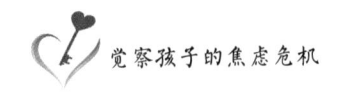

阿斯伯格综合征儿童准时离开的行为告诉我们一件事：如果打破了他们既定的结构，这些孩子就会处于一种非常焦虑的状态。

例如，下午四点应该放学，但是老师晚了10分钟才下课，孩子会开始担心自己晚了10分钟才走出校门，托管班的队伍可能都已经不见了，托管班的老师会认为自己跑出去玩，逃课了。

这些孩子对于自己没有办法掌握的事情，通常保持着一种距离，不确定的事往往会带来一些威胁感，因为他们不知道事情会怎样发生、对自己产生怎样的影响。他们很容易对于"未知"尽可能地逃避，不去面对。

阿斯伯格综合征儿童在看待事情上非常敏感，容易固着，没有弹性，缺乏全面的、周延的观点，并且不容易与他人建立关系。

在教室里，跟着导师自星期一到星期五，从上午到下午的大部分课程，孩子慢慢熟悉，并且知道导师的上课模式与要求，相对地能够维持平稳的情绪（前提是，与导师的关系维持良好）。

反过来，当孩子与某些特定老师可能一两个星期才见一次面时，因为时间的间隔，连带地也许对这位老师也会感到比较陌生。

在校园服务里，我也有这样的经历：和一个孩子晤谈已经好多年了，但每回再见面，就要重新开始。孩子处在焦虑的状情境转变，启动了阿斯伯格综合征儿童的焦虑？

态，不知道当下我要他做什么，他往往不说话，或在原地不时地抠弄手指，眼神回避，抓着衣角，拉扯裤子，搓揉双手。等到这一节课结束了，孩子大大地松了一口气，离开教室；过一段时间，例如一两周之后，再度进行晤谈时，发现他又从头开始，重新来过。

你可能纳闷："不是跟他晤谈这么多学期了，怎么还会对你感到陌生？"

对阿斯伯格综合征儿童来讲，只要隔了一段时间，再来都是归零，一切从头开始。他们所需要的调适时间比其他孩子久，这是勉强不来的。

每一个阿斯伯格综合征儿童的关系建立速度都不相同。这一点，在注意缺陷多动障碍孩子身上正好相反。他们对于陌生人，在适应上是非常快的。甚至于你和这孩子只是刚见面，他却表现得异常热络，像个邻家男孩一样，不断地跟你讲话，身体挨得你很近，或者跟你玩了起来。这和阿斯伯格综合征儿童简直是天壤之别。

要拉近与阿斯伯格综合征儿童的关系，得先有效地缓和他的焦虑。投其所好，从他感兴趣的话题切入，转移他的注意力，可以让孩子更快速地与你展开互动。

陪伴孩子面对焦虑

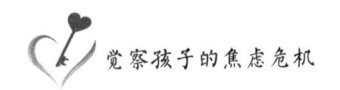

阿斯伯格综合征儿童说不出的满满焦虑

上课时间到了,孩子人虽然来了,却杵在走廊上,不进教室。

人在外面却不进教室,大都是不敢进来,而非不愿意进来。如果是不愿意进教室,孩子通常就不会来了。

如果老师只是痴痴地等,一直没有任何作为,期待孩子自己进教室,随着时间一点一滴过去,孩子会更加焦虑。

他明知道现在就应该上课,却一直没有办法进入教室。他也担心老师会认为他逃课了、迟到了,而对自己带来不利的影响。

如果再加上这些孩子内心的小剧场一幕一幕地展开,整个脑袋想的都是这些令自己焦虑煎熬的画面,就更无法顺利地走进教室。

而等着等着,最后就离开了。下一次,就更难踏进教室。

不谈,更没有机会解决问题

当孩子过于敏感时,跟他讨论他的焦虑状况,会不会是哪壶不开提哪壶,让孩子更把注意力放在这些负面的信息上?

但如果不讨论,只是把问题搁置,随着时间流逝,孩子的焦虑问题依然没有解决。

在这里,我必须再次强调:很多事情并非只有做与不做两种处理方式。

在做与不做之间,有许多排列组合,**关键在于"如何做"。也就是说,我们要和孩子讨论到什么程度、聊到什么程度。**

在聊的过程中,仔细观察孩子的反应,判断当他出现什么样的反应时,我们就得先停下来。就像做料理,盐要放多少,醋要倒多少,糖要加多少,火要开多大或多小。在这个过程中,需要我们不断尝试,就像厨师在料理食材时,斟酌调味与火候的控制,而达到最好的状态。

在进行的过程中,必须衡量每个孩子的个别差异。

放松活动的演练

当孩子陷入负面思考,就像循环不停地转时,要先让孩子进行放松活动。没有固定的方法,没有一定的答案,但我们可以列出一些项目,让孩子有所遵循。

孩子需要一些可以随时运用的方法,当我们不在孩子身旁时,他在情绪开始紧绷的第一时间能运用这些方法,让自己保持比较好的状态。

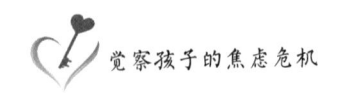

◎ **释放想象**

例如闭上眼睛，让脑袋放空，或者想象自己望着平静的湖面，或坐在海边，或在山上看着云海，聆听着曼妙的音乐，想象自己跳着轻快的舞蹈，或自己正在泡着澡……这些画面都有助于孩子情绪平稳。

◎ **凝神注视**

让孩子睁开眼，专心注视能使自己平静的事物。每一个人关注的事物不尽相同，也许在日常生活中，一片叶子、一棵树、一朵花、一个杯子，或是一幅画……任何静态事物都可以作为选择。

◎ **放松聆听**

让孩子聆听一些声音，水流声、风吹过来的声音、曼妙的音乐、轻快的旋律……任何足以帮助孩子放松的声音，都可以进行练习。

每个人对声音的接受度不太一样，建议爸妈及老师可以引导孩子一起练习，选择一些音乐进行播放，让孩子逐渐找到自己感到轻松的音乐旋律，在适当的时间播放。

◎ **嗅闻气味**

用鼻子嗅闻味道，在不伤害身体、神经系统的情况下，有些味道足以使人感到心情舒缓，例如花的香味、精油的味道等。

◎ **吃低升糖食物**

另外,有些低升糖(低 GI)的原型食物也有助于情绪轻松平稳。

避免让孩子吃太多高升糖(高 GI)食物,或是太多含有人工添加色素的加工食品,例如饼干、糖果、可乐、汽水等,这些食品都很容易令孩子处在一种烦躁、情绪不稳的状态,妨碍孩子情绪的稳定性。

◎ **放慢节奏,预留空白**

放慢节奏,为自己预留一些空白的时间,也许是 10 分钟、20 分钟、30 分钟的安全时间。在这段时间里,孩子可以很放松,不做任何事情,处在一种自由自在的状态。

我们不需要把事情排得满满的,排得紧紧的,总是被时间追着跑。就如同上学出门,假如需要七点半离开家,或许可以试着让孩子提早起床,比较从容地吃了早餐,再提前时间出门。

平时我们可以试着和孩子一起走路、散步,在这个过程中,让孩子慢慢调整自己的呼吸与步伐,感受自己情绪的平稳状态。

如果你愿意执行,通过视觉、听觉、触觉、味觉、嗅觉等五感来改变、调整情绪,会是有效的方式。

阿斯伯格综合征儿童容易受刺激而焦虑？

教室里，小克一直盯着墙上的时钟，并且不时地低头跟自己的手表核对——两个时间相差了3分钟，这让小克非常焦躁、不安，口中不时喃喃自语着："墙上的时钟根本不准嘛，不准就要调整啊，竟然快了3分钟。如果我按照上面的时间回教室，那我不是少下课3分钟？如果我按照自己手表上的时间回教室，老师会不会说我迟到3分钟？……"

老师发现小克的嘴巴一直在碎碎念，没专心在课堂上，对他叨念起来，"小克，你在发什么呆？"

小克被老师这么点名，情绪有些激动地说："我哪有发呆。为什么说我发呆？我只是在想，为什么墙上的时钟跟我手表上的时间不一样。既然你是老师，就应该把时间调整好，哪有人这么不负责任。我爸爸说，我的手表是最准的。"

说完，他又继续低头嘀咕。

"小克，你到底有没有在听我说话？你上来，把这道数学题算出来。"

突然被老师叫到台上，小克心里一阵莫名的不安，在座位上抗拒着,又开始喃喃自语,"干吗叫我?为什么不叫别人?"

老师真的发火了,"我、再、跟、你、讲、一、次,给我到前面来,把这一道数学题算出来。"

老师加重了说话的语气并提高了音量,这突如其来的高分贝,让小克感到刺耳难耐。

"啊……"小克的尖叫声,划破天际。

陪伴孩子面对焦虑

接纳阿斯伯格综合征儿童就是会"小题大做"

你可能认为小克真的是小题大做,反应过度。虽然墙上的时钟快了3分钟,但他根本不需要瞎紧张,只要根据学校的上、下课铃响来判断,不就好了?

没错,对于一般人来说,这件事情再简单不过了。

可是,对于患有阿斯伯格综合征的小克来说,他的**注意力很容易聚焦在一些细微的事物上**。

这些细微的差异,其他人不会特别注意,但是阿斯伯格综合征儿童很容易加以放大或误解。

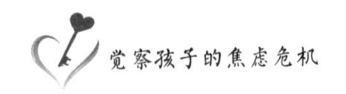

别误踩阿斯伯格综合征儿童的地雷

阿斯伯格综合征儿童在呈现焦虑时，很容易表现出"碎碎念"的行为。如果老师对这样的焦虑没有觉察到，却当作是孩子在干扰上课秩序或是不专心，再加上给予指责、纠正，特别是又放大音量、加重语气，还夹带一些威胁性的话语，阿斯伯格综合征儿童的情绪反弹就会爆表，师生关系将会更加恶化。

和阿斯伯格综合征儿童相处，对班级老师来讲，就像走在钢索上，动辄得咎，是很大的挑战，也很为难与辛苦。但如果能对这些孩子的特质多一些了解，我相信彼此磨合的时间将可以缩短，也容易相契合，有助于老师的班级管理更加顺畅。

让阿斯伯格综合征儿童死心塌地爱上你的十件事

与阿斯伯格综合征儿童建立关系，是一项极细腻的艺术。有时，说错一句话、一个动作不对，就很容易使关系决裂。再加上阿斯伯格综合征儿童很容易陷入关系的绝对二分，非黑即白，让爸妈与老师在陪伴他们时如履薄冰，不知该如何是好。

以下和你分享十件事，让阿斯伯格综合征儿童死心塌地爱上你，维持彼此的好关系。

一、投其所好，从兴趣切入，建立关系

聊起自己的兴趣，总是让人欣喜，特别是当我们对眼前的孩子还不了解时，最安全的方式就是从孩子喜好的事物切入。老师可以事先询问家长孩子的兴趣，从这点开始建立关系。

二、对话以"我们"取代"你"，让彼此产生生命共同体的联结，取代命令的方式

例如："你把桌面收一收。"改成："我们一起把桌面整理干净。"

三、给选项，比如二选一、三选一，让他做决定。你依然维持你的坚持，同时也令他感到受尊重

例如："你现在可以从单元一或单元二之中，选一篇文章来朗读。"

四、说话温和不刺激，不疾不徐

阿斯伯格综合征儿童解读社会情绪的能力相对薄弱。当我们讲话的语气太重时，孩子很容易误解意思，认为我们不友善，在指责他。当我们讲话的速度太快时，孩子一下子无法理解，很容易感到焦虑。

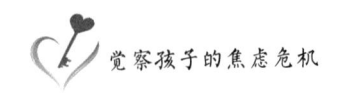

五、多对他拥有的能力与表现给予具体、正向的回馈，展现出你想了解他的动机

阿斯伯格综合征儿童对于"被肯定"这件事是很喜欢的。被肯定，谁不喜欢？

六、说他听得懂的话，以他的思考模式对话，调到同一个频率

与阿斯伯格综合征儿童说话的内容不要太过抽象，说话方式不要迂回。在对话过程中，可以观察孩子的反应，适时停顿，以确定孩子是否吸收、理解了（**请特别留意他是否出现"疑惑"的表情**）。

七、结构使他安心，有条有理，让他可以预期你的互动或上课方式

对于阿斯伯格综合征儿童来说，能够掌握的事情越多，内心就越为踏实，焦虑感会明显降低。

八、若许了承诺，请说到做到（这比婚约誓言容易办到些）

说到做到，让孩子感受到你对于他的重视。同时，我们也在示范一种对承诺的坚定。

九、微笑，说"谢谢"（"请"和"对不起"则要斟酌使用）

"谢谢"的作用，大于"请"和"对不起"。"请"的语气如果没拿捏好，会让孩子觉得被要求。"对不起"说多了，容易让孩子将注意力转移到你做错事情的地方。

十、无论是否在防疫期间，都请保持适当的社交距离，除非他主动靠近你

阿斯伯格综合征儿童对于身体触觉相当敏感，对于身体距离的拿捏也容易无所适从。保持适当距离，会让他较为安心。

让孩子知道大人有焦虑的困扰,
不是羞耻的、见不得人的。
当孩子发现大人愿意敞开来谈自己
内在的焦虑,
也是在告诉孩子,
『情绪』是可以讨论的,更是必须
去了解的。

搞不懂强迫症孩子的焦虑？

有些孩子罹患强迫症，核心问题来自"强迫思考"及"强迫行为"。

对于当事人来讲，明知强迫思考是不合理的，但关键在于这个想法就像冲动一样，常不请自来，浮现在脑海。

每个人的"强迫思考"内容不同，孩子不见得会让你知道，或想让你知道。因为内容往往非常离谱，让当事人尴尬或羞于脱口说出。

我们比较容易看到的是各种类型的"强迫行为"，例如不断洗手、不断做检查、不断修改、不断开关电灯，不断地、不断地、不断地……而令孩子感到非常困扰。

强迫症孩子很容易把注意力聚焦在很细微，却不必要的点上面。

有些孩子为了减缓这些因不合理的强迫思考所唤起的焦虑，只好不时以重复的行为，例如反复洗手，一次、一次、又一次地洗手，来抵销或转移焦虑。

有些孩子会有所谓"幸运数字""幸运号码"，例如7，每回洗手都得洗到7次。但与其说7是幸运数字、幸运号码，倒

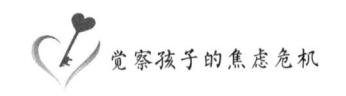

不如说，孩子反而被"7"这个数字给绑架了，没有到"7"，绝对不行，否则心里会感到更加焦虑。

一旁的大人可能想："好吧，你洗了7次才认为把手洗干净了。那么洗到7次够了吧，可以停下来了吧？"但没多久，孩子会发现自己的手又脏了，手脏了之后，又要重新再洗7次……就这样反反复复。

其实孩子很累了，孩子没办法了，孩子身心疲倦了，整个脑袋再也无力思考任何其他的事情。他只是不断地、不断地，反反复复地浮现这些"强迫思考"，重复做这些"强迫行为"。很辛苦，很疲倦，但他无可奈何。

他实在不想再这样强迫性地思考，但是越不想这么想，就越容易这么想……像个魔咒般挥之不去。

陪伴孩子面对焦虑

强迫思考无法停止的痛苦

孩子感到非常痛苦——痛苦在于，孩子**明知道这些想法是不合理的，但是自己就是无法停止产生这些想法，无法控制**。

例如，明明知道自己洗了非常多次手，已经非常干净了，但就是无法停下来。问题在于，他持续担心自己的手不干净，可能留有病菌，而这些病菌可能影响家人的健康，让他们生病。这样的想法，让孩子心里面产生许多罪恶感。

永无宁日的强迫感受

患强迫症的孩子会这么想："我一定得洗手。""我可能要反复检查作业有没有错／门有没有关上／开关有没有关好……"

强迫症的麻烦，在于这个动作，当事人一次、一次、又一次地反复在做，浪费了许多时间，花费许多心思，但真正该做的事情却没有完成。

可是，如果不让孩子做，他又处在一种焦虑、不安的状态。这种状态持续越久，强迫思考越会更明显地弹跳出来。

例如难以控制地想着："燃气开关是不是没有关？如果燃气外泄了，引起爆炸，为家里、小区带来重大危险，那个风险之大，后果难以想象……"想到这里，孩子已经把自己吓得半死。

这种担心、焦虑，让人处在一种极度的不安状态，根本无暇专注于眼前该做的事情。

出于强迫行为而不断地开关燃气开关，不断地把水龙头打开又关上，不断地开关电灯……反反复复地做一件事情，成了痛苦来源。因为焦虑虽然在短时间内稍微舒缓，但重点是，自己花了很长的时间一直在做这件事，反反复复进行，没完没了，永无止境。

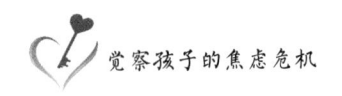

设定有限的强迫次数

其实**如果孩子真要检查，是可以的，只要次数减少，顶多再加上一次确认。**

改善强迫行为应采取渐进的方式，也就是允许孩子检查，但是要设定检查次数。到达设定次数就够了，不再去碰，不再去检查。

例如，过去孩子一遍、一遍、又一遍地反复检查燃气开关，而现在要让孩子练习了解：够了，真的够了，自己已经检查过了。

还可以进一步地这么做，让孩子对自己说："我已经在早上八点十五分把燃气关掉了。"非常明确地告诉自己"早上八点十五分"。"我在早上八点十七分做了第二次确认。"两次够了。

早上八点十五分、早上八点十七分，说出这两个**明确的时间点**，当孩子又想去关上燃气开关时，脑海里会浮现早上八点十五分、早上八点十七分，已经进行了两次燃气检查，做好双重确认。

这个方法足以让孩子处在一种安心的状态，不需要再去做额外、重复的检查，徒增困扰。

孩子必须不断地让自己了解：够了，真的够了。不断地告诉自己："我已经做了该做的事情，已经够了。"

限量——限定自己检查的次数，也就是强迫行为的次数。这就像一场竞赛、一场游戏。只是在这场竞赛中，我们必须采取强度较高的方式，**坚持自己的底线**，检查两次就足够了。

少做了，孩子好为难

在限定行为次数的练习过程中，孩子会感到为难，因为少做了，他觉得自己没有做到要求的次数，强迫思考很容易令孩子陷入焦虑状态。

当下，我们的做法是要**引导孩子去做别的事情，转移他的注意力**，或做让他感到放松的活动。

让孩子的思绪先从这一截强迫的轨道跳开。

以歌声抵挡强迫思考

当孩子因为强迫的念头，比如燃气开关没关好、电灯没关好、水龙头没关好等，而令强迫思考不断弹跳出来，为了阻隔这些想法的产生，必要的时候可以教孩子唱首歌，**在脑海里面唱他很熟悉的歌**。

有些想法真的不受控的时候，就唱歌吧！请记得，要唱自己非常熟悉的歌。

因为熟悉，在歌唱的过程中，就像采用自动化的播放系统，让这些歌曲阻挡自己不合理的强迫思考，从而产生一种"我可以控制住强迫思考"的有能力感，知道自己有能力去控制。

通常，强迫思考对于一个人最大的挑战就是自己没有办法去处理。但我要强调，事实上，我们是有这个能力的。

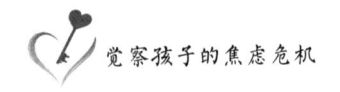

想象一下：自己的手正在转动燃气开关，去感受那种手感，感受用力抓握的感觉。想象一下：自己把水龙头关紧了，没有滴下任何一滴水——这就表示我们已经好好地把水龙头关上了。

强迫思考而生的强迫行为，折磨得孩子好焦虑？

玉香不时往自己身上吐口水，想要把嘴里不干净的口水全部都吐掉。但她总是觉得自己有吐不完的口水。

周围的同学都嫌恶地抱怨：

"臭死了，臭死了，你的口水臭死了。"

"对嘛！我们不要跟她说话，恶心死了。假如被她的口水喷到就完蛋了。"

"没错没错，她的口水可具有腐蚀性啊。真的，我们赶快离她远一点。"

同学们说完便一哄而散，留下一脸尴尬而不知所措的玉香。

她觉得自己真的很无辜，实在不明白为什么同学要如此对待自己。她长得是不像班上其他女同学那么讨喜，但她真的已经非常认真地盥洗，也勤换衣服啊。

有几次，玉香把口水吐在衣服上，接着闻了闻，发现果然就像同学们讲的"臭死了，臭死了，口水臭死了"。但仔细想

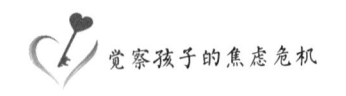

想，谁的口水不臭？谁的口水是清香的呢？

只要嘴巴碰上了一些东西，无论是头发还是衣服，甚至于空气中飘落的雨丝、吹来的风沙，玉香都觉得口水沾染了脏东西。她一次又一次地吐，吐不完的口水让她身上散发出一股恶臭味。

然而，不把口水吐出来实在不行。不吐，觉得口水一直在口中，很不是滋味；吐了，又会让自己和别人都感到恶心。

玉香感到困惑了，不知道哪个才是对的，而且脑海里面愈加出现"口水很脏，特别是自己的口水特别脏"的强烈想法，如同魔咒一般，紧紧框住了她的脑袋，令她难过死了、痛苦死了。

一到上学时间，玉香就开始紧张，甚至于焦虑到恐慌，难以呼吸。她不知道该如何是好，很怕同学的眼神或者他们在一旁窃窃私语。

玉香开始怀疑自己是不是生病了。

妈妈也忍不住对玉香说："为什么你每天放学回来，衣服都那么臭啊？每一次都得用洗衣液重新浸泡过，不然直接丢进洗衣机，真的让人觉得好恶心啊。"

连妈妈都这么说了，教玉香情何以堪。果然，自己的口水真的很臭，臭到全班同学与妈妈都知道了。

她更是永无止境地吐——吐不完的口水，是她无法喊停的焦虑。

陪伴孩子面对焦虑

焦虑行为，其实是一种信号

焦虑行为只是一种表象，就像信号一样在告诉我们：**孩子现在出状况了，孩子现在需要协助。**

我们不要只看问题的表面，在行为的表象底下，有一些值得我们好好去思索的问题与信息。

提醒自己，不要受眼前的一些行为模式干扰，而在情绪上起了波动，忽略了孩子真正要表达的信息。

强迫思考，对孩子是耗时的"拉锯战"

强迫思考，对于孩子来说真的是一场耗时的拉锯战，脑袋里有一个不听使唤的声音，不断地弹跳出来。

想象一下，就像一个盒子，盒盖里面的弹簧松了，弹簧随时会跳出来，而让自己有些惊讶。这些让你感到惊讶的想法其实令你非常痛苦，因为你知道它们极度不合理，可是你无法改变或消除它们，不知道该如何是好。

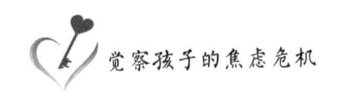

找出诱发强迫思考的"压力源"

例如：孩子在学校总是被同学揶揄、嘲讽、言语霸凌，导致他产生自我厌恶，甚至于出现了强迫思考，反复出现自己的口水特别脏的念头，而无法控制（强迫思考与事实的联结很跳跃，很不合理）。

要消除强迫思考与行为，"移除压力源"是首要任务。

例如：当同学言语欺负、霸凌的情况逐渐减少，孩子的这些压力暂时消失，情绪相对也比较放松且平稳，一些不适当的行为（如吐口水），自然而然地也会消失或明显降低频率。

否则，我们总是在外围围绕，只在乎行为表象，一直针对"吐不吐口水"这件事去处理，纵使看似解决了表面的吐口水问题，但孩子可能进而转到其他的行为表现上，比如改为不断洗手、不断做检查、对一件事情不断地确认再确认……因为孩子内心的核心问题（同学的言语欺负、霸凌）还是没有解决。

对自己大声叱喝

有些孩子会告诉你："我就是无法停止那样思考！我就是会这么想，那有什么办法！我没有办法控制自己的想法。"

在这种情况下，孩子需要一个很大的声音，来控制这些杂音。

◎ **大声叱喝，让负面想法溃散**

孩子调皮捣蛋时，爸爸、妈妈或老师突然大声叱喝："你真的闹够了！你在干吗？你现在给我安静！"突然间的大声叱喝，顿时使孩子安静下来。

同样地，孩子也需要在思考上出现一句"大声叱喝"。这声叱喝就像站在制高点，检视自己的想法是否不合理。运用大声叱喝的方式，让负面想法溃散。

◎"别闹了！"——刻意用很夸张的方式吓自己

让孩子试着以第二个声音，大声地告诉自己：

"别闹了／别再开玩笑了／你够了／你玩够了／你闹够了／你演得太夸张了／你演得太不像了，饶过自己吧……"

先这样大声说出来，进行自我对话，随后反复在心里面默念几次，这是刻意用很夸张的方式吓自己。

越夸张越好。这并非羞辱自己，而是加深自己的印象。

就像警报声突然响起，孩子刻意演出非常夸大的受惊表现，将两只手张开遮住双眼，突然大叫，或放声大哭，拔腿就跑，或故意跌倒，或焦虑到假装昏倒……

再次强调，**这么做的目的并不是要嘲笑孩子，而是要让他了解自己的反应是否太过了。**

虽然人世间有很多事情难以预料，但也不等于所有灾难都会发生在我们身上。更何况，在我们的脑海里放了这么多灾难性想法，到最后只会把自己压得更喘不过气来。

孩子，别再折磨自己。

孩子担心个人信息泄露，过分焦虑？

"明谦，你为什么到现在还不把报告交上来？都已经上课这么久了。"

"老师，我能不能回家后，用家里的计算机传给你？"

"你在说什么？趁现在上课时间，你赶快交过来，最晚到今天下午四点放学前。你再不交报告，被打零分，我就不管你了。"老师再次提醒，因为明谦这样不是一次、两次了。

老师一直很纳闷，每次经过明谦的屏幕，会发现他也是很认真在练习着老师教的常用软件。可是一到要上传资料，他就犹豫不决。看他几次输入账号、密码，打到一半却又删除……就这样来来回回的。

老师实在摸不着头脑，忍不住问："你是忘了账号、密码吗？如果老是忘掉，就写在纸上。自己的资料，要学会自己好好保管。"

老师一直以为明谦是忘了账号、密码，殊不知，其实他记得非常清楚。

他只是不敢用学校的计算机登录网站，不敢留下任何账号、密码的记录。

　　一天里，有好多次，他会一再更换密码。整个小本子里都是密密麻麻的密码组合。这些密码，连他自己都不太能记住，因为皆是乱码。之所以会这么做，是因为明谦不想让自己的密码被别人记住，至少可以保护自己的资料不会外泄。

　　可是，不时更动账号和密码，也唤起他不少焦虑，连带地，他在使用手机、平板电脑、计算机和网络时，更加不知所措。他不知道自己的资料何时可能被盗用，何时可能出问题。

　　到后来，情况变本加厉，明谦变得不敢使用外面的计算机，不敢连接公共无线（局域）网（Wi-Fi）服务，他实在太担心了，很害怕自己的资料会外泄、被盗用；用计算机的时候，也怕网络视频被别人开启、怕被窥视……对于敏感的明谦来讲，这些真是无比焦虑的折腾。

　　需要输入账号、密码时，他也一直担心会被钓鱼网站窃取、盗录资料，给诈骗集团使用，为自己带来麻烦而惹祸上身，甚至担心警察找上门，让别人误以为自己也是诈骗集团的成员。

　　尤其是在脸书上、LINE群组里，经常看到有人账号被盗用、窃取的新闻，令他浑身不自在，胸口闷，狂咽口水。

　　这些焦虑全都是从那时候开始的——他收到一封电子邮件，告知他的账号在海外被登录了，提醒如非本人，要按下链接进行确认。在慌张、焦虑的情况下，第一时间他很自然地相信了电子邮件的内容。仔细阅读后，他按照信中的指示按了超链接，进入登录界面后，输入账号、密码……就这样，信箱被盗用了。

　　明谦真的害怕了。

陪伴孩子面对焦虑

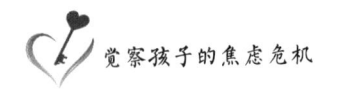

必要且合宜的信息安全维护

在使用网络的信息安全上,我们的确非常谨慎。但是在谨慎的拿捏程度上,也必须衡量自己是否过度焦虑。

焦虑确实有必要,可是要看"程度"。如果已经超出自己的想象及负荷,整个人将被焦虑吞噬,处在停摆的状态。

就像明谦通过杀毒软件,不时扫描自己的计算机系统是否有资料外泄的危险,这是一个好习惯,差别就在于一天要扫描多少次。如果一而再、再而三地重复这些动作,只会徒增我们在使用上的焦虑,这并不是好现象。

过度焦虑会让自己喘不过气,无法逃脱想象的恐怖,甚至于整个思绪都被账号、密码以及钓鱼网站、中毒、偷窥、诈骗集团、盗录等念头塞满。

合理的想法

焦虑会一直存在,不会消失,也没有必要消失,甚至于我们能够运用适度的焦虑来提升做事情及学习的效率,使行为表现更符合我们对自己的期待。

情绪没有绝对的好坏,关键在于我们如何看待,以及每个人是否有足够的能力承受这些负面情绪所带来的影响。

检视活跃的脑内小剧场

随时觉察自己的脑内小剧场是否过度活跃,内容与剧情是否适切,自己是否将内容过度扩大,使得情绪处在焦虑状态。还有,我们是否给了过多的自我暗示,认为自己会处在一种不利的位置。

小剧场内容的播放,主控权还是在当事人,只是孩子往往没有觉察到是脑中思绪的紊乱唤起焦虑,甚至吞噬掉自己的思考能力。

将焦虑内容写下来

让孩子练习把自己的焦虑记录下来,通过手机录下来或语音输入都可以,或者写下来。把这些想法与感受清清楚楚地卸下来之后,有助于了解自己实际的想法与状况,以确认它们是否合理。对于不合理的地方,进一步地确认自己所担心的事情实际发生的概率到底有多大。

记录下来的好处是,有助于孩子慢慢练习掌控自己的想法。多一个字或少一个字,都会为情绪带来不一样的变化。

孩子需要练习掌控自己的想法,同时试着找出第二种、第三种等等的解释方式。我自己也一直在尝试练习从不同的观点

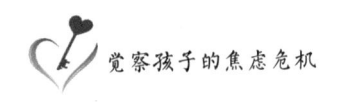

来了解事情。

许多事并非我们想象的那样糟糕，也不一定会发生。

有些焦虑主要来源于孩子对于行为后果过多的不利解释，特别是这个解释往往出自许多不合理的想象。当然，有些是来自过往一些不愉快经历的累积，而使得孩子认为再次发生的概率很高。

冻结不合理的想法

在与孩子对谈的过程中，建议把孩子所讲的话写下来。接着，针对其中不合理、笼统、抽象的内容，逐一让孩子进行具体而明确的陈述。再从陈述的过程中，针对不合理的部分，进一步地让孩子思考其中的合理性。

灾难性的想法，往往源自我们的过度放大。孩子需要周围的大人协助他按暂停键，练习以比较合理的方式解释。

这就是为什么得一条一条，逐一地具体写下来，让孩子可以按图索骥地去思考。日后，再转由孩子自我练习，把不合理的事情写下来。对于认知的调整，这是一项非常重要的功课。

关于灾难性的想法，并非只是告诉孩子："你不要想那么多／你想太多了／它不可能发生。"而是要让孩子思考：问题发生的概率有多大？为什么他这么肯定地认为一定会发生？

试着让孩子具体地陈述，看看他是否能很明确地把个中原因或因果、证据等逐条列出来。如果孩子没有办法说出证据，让我们先把这个想法"冻结"起来，因为这个想法是不合理的，目前没有充分的证据显示它会成真。

孩子对于新冠肺炎过度焦虑？

"你不要一直喷酒精。"

"你看你,两只手都喷得起了皱褶。"

"你的手洗了多少遍！能不能不要再洗了？"

望着小紫惨白的双手,妈妈除了心疼,真不知该如何是好。

该说明的、该解释的都说了,但小紫完全听不进去。这些日子,她不时地洗手、消毒,再洗手、再消毒。

孩子似乎已将洗手、消毒变成了一种仪式。这个仪式耗损了小紫许多心思、注意力及时间。不只孩子很累,妈妈也很累。

老师反映了数次,小紫上课时常常处在发呆、恍神的放空状态。课业上,成绩像泥石流般持续滑落,而且没有停下来的迹象。她和同学们也明显少了互动,社交距离自动拉大了好几倍。

若非必要,她的两只手不会碰触教室里的东西,例如读书角的绘本。当老师要孩子们阅读绘本时,只见小紫不时地用卫生纸擦拭着手中的绘本封面、封底与内页,并且小心翼翼地不

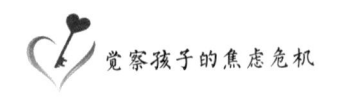

让手指直接碰触到书。

如果手不小心碰触到教室里的共享绘本，脑海中就像弹出式窗口的广告，开始插播令她焦虑的内容，例如："这些疫情是否会暴发第二次、第三次感染？"她无法想象，也不敢去想象，一旦被这些病毒感染，自己会何等恐惧。她得居家隔离14天，或者自主健康管理7天。还有，同学是否会认为自己是病毒的散布者、感染源？

每次只要想到这里，小紫就浑身发抖，冒着冷汗。

对于疫情，小紫总是扩大想象，不时检查脸上戴的口罩是否密合，将注意力聚焦在自己的手部消毒是否彻底。洗手的七大步骤都得逐一按照顺序来，缺一不可，不容有错。

妈妈看在眼里，实在无法理解。新冠肺炎（COVID-19）疫情造成全球许多人感染与死亡，但我们这里疫情控制的成效是好的，孩子为何依然如此担心？

妈妈试着以合理的方式，不断向小紫说明，但似乎她越解释，孩子越无法接受，脑内小剧场反而更是不停翻搅着。这种对于疫情太过关注而衍生出的莫名过度焦虑，妨碍了孩子的日常生活，也影响了她的学习表现。

陪伴孩子面对焦虑

焦虑要合理，有适度界限

在防疫期间，孩子的确需要做好该有的防疫措施，如在公共场所要戴口罩、勤洗手，或是双手以酒精消毒。

然而，**一切都要有适度的界限。过与不及，都不是好事。**

远离新闻风暴

新冠肺炎（COVID-19）疫情的相关报道，持续在电视新闻和网络上出现，孩子等于一直暴露在这种敏感的氛围中。

所以最好的方式，就是**尽量让孩子暂时远离这些刺激，先将注意力转移到别的事物上，减少对这些新闻的过度关注。**

孩子现阶段还没有能力与心思，有效地消化、接收这些报道所带来的负面情绪及感受。不时地把注意力放在这些相关的新闻议题上，不但改变不了已发生的既定事件，而且过度关注会引发过度联想，很容易唤起焦虑。

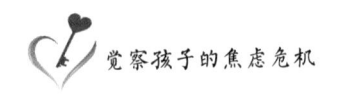

鼓励孩子说出焦虑

太过关注，脑中想的都是这些事情，这并非好事。思绪被这些事情占满了，就没有办法给自己比较充分的空间思考，或专注于原本该做的事。

让孩子了解，焦虑是非常自然的存在，每一个人都会有，差别在于每个人的焦虑程度，以及每一个人是否能够有效地面对、应付与处理自己的焦虑，以免让焦虑妨碍生活。

明白了这点，有助于孩子更从容、更勇敢地表达出自己的内在感受。

当孩子**有机会说出来时，就有机会改变**。说出来，至少是一种情绪舒缓的方式，并且有了机会重新整理自己内在想法的合理性。

面对焦虑，最忌讳的就是压抑、否认和逃避。不断压抑自己的焦虑情绪，焦虑只会更加变形，以各种其他症状与问题出现，继续妨碍日常生活及学习。

让孩子清楚地了解焦虑呈现的模样，焦虑如何通过我们的想法、生理、行为反映出来，我们如何觉察自己的焦虑已经过量了，强度已经超过自己的负荷。

对话时间点的选择

当孩子对于疫情过度焦虑时，有必要与孩子进行合理的对

话。只是讨论时间点的选择需要适度考虑,避免让孩子整个心思都关注在疫情上。

请留意,有些孩子的思考很容易固着。旁人越解释,他反而越是去关注那些负面信息。

与孩子讨论这件事情的时候,要让孩子提出佐证,证明他为何相信自己认定的事情会发生。引导孩子进行一场又一场的自我对话。就像是自己跟自己辩论,孩子也在脑中分为正、反两方,针对各自的立场进行讨论。

预防焦虑扩散

有些孩子逐渐将对疫情的焦虑放射般地扩散,与相关字眼都产生负面联结,并且总认为那些状况会发生在自己、家人或朋友的身上。例如,对于一些疾病或相关的字眼:手术、病菌、开刀、急救、休克、转诊、血液、移植,或是器官名称很敏感。或者听到救护车呼啸而过,就觉得是自己的亲人、朋友在救护车上。一听到急诊室、手术室,连带地会衍生出一些相关画面,油然而生莫名的焦虑及恐惧。

很明显,孩子这样的认知是错误、扭曲、偏差又不合逻辑的,链接得太过跳跃了,孩子过度放大了自己与周遭事物之间的关系。

对于这些医疗信息,不是每个人都能够合理地看待及承受。简单地说,有些孩子无法充分消化、吸收这些信息。

我们要帮助孩子与令他感到敏感的字眼适度地保持安全距

离，先减少不必要的接触或多去看看其他的内容，例如海洋、天文、生态、汽车、动植物等主题，至少可以淡化一些紧张情绪。适度的远离、保持心理界限，这是一个阶段性的方法，看似消极，却是现阶段必要的练习。

只不过，你可能会发现过度敏感、容易焦虑的孩子，在海洋、动物等看似平和的知识里，却又注意到弱肉强食、扑杀或灭绝等字眼，而再度唤起焦虑。

这时，再将注意力转移到较为中性的内容上，以淡化孩子对于特殊字词的过度注意。以此类推，直到孩子的焦虑情绪趋于缓和。